Scratch 与 mBlock

玩转 mBot 智能机器人

王丽君　编著

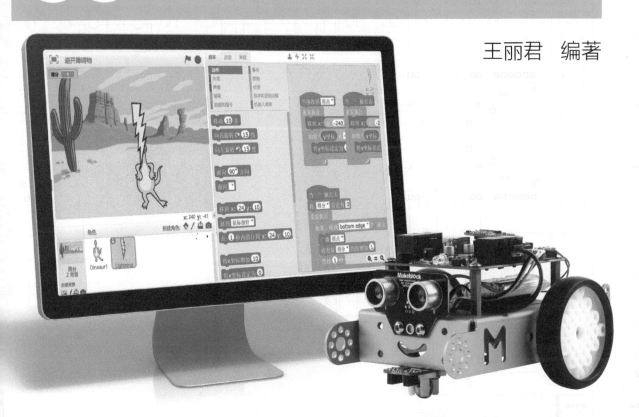

人民邮电出版社

北京

图书在版编目（CIP）数据

用Scratch与mBlock玩转mBot智能机器人 / 王丽君编著. -- 北京 ：人民邮电出版社，2017.4（2023.8重印）
（爱上机器人）
ISBN 978-7-115-44910-8

Ⅰ．①用… Ⅱ．①王… Ⅲ．①智能机器人 Ⅳ.
①TP242.6

中国版本图书馆CIP数据核字(2017)第050242号

版权声明

内 容 提 要

mBot 机器人是一款由创客工场（Makeblock）推出的金属机器人积木套装，该套装将 Scratch 图形化编程工具与机器人金属积木结合到一起，可以使用 mBlock 设计程序，驱动与 Arduino 电路板兼容的传感器，从而灵活控制 mBot 机器人。本书中提供了丰富的 Scratch 与 mBlock 兼容设计案例、mBot 机器人动手实作案例及启发思维的延伸练习，让每个人在使用 mBot 机器人时，能够同时体验机器人控制、程序设计与 Arduino 电子电路相结合的学习方法。

本书适合图形化编程初学者以及对智能机器人控制感兴趣的学习者阅读，也适合有一定图形化编程基础想要进阶学习面向硬件的编程思路的爱好者阅读，更是 mBot 机器人玩家的必备手册。

◆ 编　著　王丽君
　　责任编辑　房　桦
　　责任印制　周昇亮

◆ 人民邮电出版社出版发行　　北京市丰台区成寿寺路 11 号
　　邮编　100164　　电子邮件　315@ptpress.com.cn
　　网址　http://www.ptpress.com.cn
　　北京虎彩文化传播有限公司印刷

◆ 开本：787×1092　1/16
　　印张：13　　　　　　　　　　　2017 年 4 月第 1 版
　　字数：177 千字　　　　　　　　2023 年 8 月北京第 11 次印刷
　　著作权合同登记号　图字：01-2016-8858 号

定价：69.00 元

读者服务热线：**(010)81055493**　印装质量热线：**(010)81055316**
反盗版热线：**(010)81055315**
广告经营许可证：京东市监广登字 20170147 号

序

美国前总统奥巴马曾说："不要只是买新的计算机游戏，自己做一个吧！不要只是下载最新的 App，自己设计一个吧！不要只是玩手机程序，自己写个程序吧！"在信息与通信科技（ICT）蓬勃发展的今天，人类的生活与科技息息相关，人手一项科技产品已不稀奇，理解信息与通信科技产品背后隐含的程序概念、能够写程序才是王道，在这波全球科技浪潮下，全民写程序俨然成为全球的趋势。

在程序设计工具中，Scratch 是美国麻省理工学院媒体实验室（MIT Media LAB）所开发的编程工具，它是一套图形化界面编程工具，只要轻松堆栈积木，就能将自己的想法转换成互动故事、艺术作品、音乐、游戏或动画，培养逻辑思考能力、创造力与想象力，适合初学者学习。

但是在软件程序设计能实现创意想法的同时，如何将软件程序设计与硬件传感器结合，并广泛应用在日常生活的问题解决上？mBot 机器人由创客工场（Makeblock）设计，结合创客（Maker）精神、以 CC（Creative Commons）授权与开放源代码（Open Source）平台为基础，将 Scratch 程序加上机器人积木，改编成 mBlock 设计程序，以驱动与 Arduino 电路板兼容的传感器，让每个人在动手设计、实做机器人时，能够同时获取机器人（Robotics）、程序设计（Programming）与 Arduino 电子电路整合的学习经验。

本书适合编程初学者或已学过编程，想要精进，在生活中解决问题的学习者，以及对动手实做或 mBot 认证有兴趣，想要创造智能生活或智能机器人的学习者。本书循序渐进地将 Scratch 与 mBlock 兼容范例、mBot 机器人动手实作范例及启发脑力激荡的延伸课后练习献给对机器人及程序设计有兴趣的你。现在就让我们一起体验程序设计与机器人结合的创意学习吧！

目录

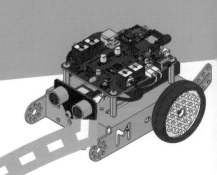

第1章
认识 mBot 机器人

1-1	认识 mBot 机器人	10
1-2	mBot 机器人与 mBlock 程序设计	11
1-3	mBot 机器人的运作方式	15
1-4	下载并安装 mBlock 与 Arduino 程序	20
1-5	mBot 机器人的连接方式	23
1-6	通过红外遥控 mBot 机器人	35
第1章	实力评测	40

第2章
按下按钮跟着熊猫一起走

2-1	按钮组件与"按钮"mBlock 积木	44
2-2	新增舞台背景	46
2-3	新增角色与造型	48
2-4	"事件"积木启动程序执行	52
2-5	"控制"积木控制执行流程	54
2-6	"动作"积木	58
2-7	跟着熊猫一起走程序设计	61
2-8	当按下机器人按钮时	62
2-9	M-Panda 熊猫爸爸重复移动	63
2-10	M-Panda2 熊猫妈妈和小熊猫面向角色移动	64
第2章	实力评测	66

Contents

第 3 章　动力电机扫街车

3-1　电机组件与"电机"mBlock 积木　70

3-2　"声音"积木　72

3-3　"侦测"积木　76

3-4　动力电机扫街车程序设计　82

3-5　自动播放声音　83

3-6　定时重复移动　86

3-7　侦测水果色拉是否碰到扫街车　88

3-8　机器人移动　90

第 3 章　实力评测　92

第 4 章　算术发声与闪烁 LED 光的机器人

4-1　LED 灯与"LED"mBlock 积木　96

4-2　蜂鸣器与"蜂鸣器"mBlock 积木　98

4-3　"运算"积木　100

4-4　"外观"积木　103

4-5　"数据和指令"积木　107

4-6　算术发声与闪烁 LED 光的机器人程序设计　112

4-7　出题提问与答案判断　113

4-8　机器人播放音调及 LED 程序设计　118

第 4 章　实力评测　120

目录

第5章 超声波无人自动车

5-1	超声波传感器与"超声波"mBlock 积木	124
5-2	超声波无人自动车程序设计	125
5-3	恐龙跟着鼠标指针移动	126
5-4	闪电重复往下掉落	129
5-5	碰到角色	131
5-6	碰到边缘	133
5-7	机器人自动避开障碍物	135
第5章	实力评测	138

第6章 光控机器人

6-1	光线传感器与"光线"mBlock 积木	142
6-2	"画笔"积木	143
6-3	光控机器人程序设计	146
6-4	外观特效	146
6-5	小男孩重复往右移动	149
6-6	飞机画笔痕迹	151
6-7	光控机器人前进	154
第6章	实力评测	156

Contents

7-1 红外传感器与"红外"mBlock 积木　160

7-2 红外遥控射气球程序设计　161

7-3 画新造型　162

7-4 气球随机往上飘　165

7-5 定义红外遥控器　167

7-6 按遥控器发射箭头　169

7-7 倒计时　172

7-8 遥控器控制机器人　173

第 7 章 实力评测　174

第 7 章
红外遥控射气球

第 8 章
巡线迷宫竞走

8-1 巡线传感器与"巡线""电机"mBlock 积木 178

8-2 巡线迷宫竞走程序设计　183

8-3 舞台上的虚拟 mBot 机器人侦测颜色前进 184

8-4 用键盘控制方向　185

8-5 关卡设计　186

8-6 实体 mBot 机器人巡线　188

8-7 上传 Arduino 程序　189

第 8 章 实力评测　192

附录
mBlock 积木功能总表

195

本书 🔽 处范例程序可到人民邮电出版社《无线电》杂志官网 www.radio.com.cn 的
"下载"栏目获取。

1 认识 mBot 机器人

本章将认识 mBot 机器人、机器人的组成组件、运作方式与连接方式，同时下载并安装 mBlock 与 Arduino 相关程序，再利用手机及红外线遥控器让机器人移动、发声及发光。

学 习 目 标

1. 认识 mBot 机器人
2. 理解 mBot 机器人的组成组件
3. 理解 mBot 机器人的特性及连接方式
4. 下载并安装 mBlock 与 Arduino 程序
5. 能够利用手机及遥控器操控机器人

1-1　认识 mBot 机器人

1-2　mBot 机器人与 mBlock 程序设计

1-3　mBot 机器人的运作方式

1-4　下载并安装 mBlock 与 Arduino 程序

1-5　mBot 机器人的连接方式

1-6　通过红外遥控 mBot 机器人

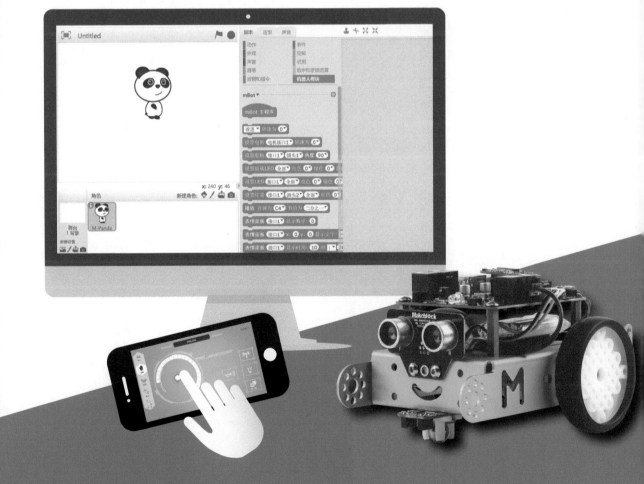

1-1 认识 mBot 机器人

　　mBot 机器人由创客工场（Makeblock）设计，以铝合金材质制造，分成蓝牙版（搭配蓝牙模块）与 2.4GHz 无线版（搭配 2.4GHz 无线模块），能够利用手机、平板电脑、计算机或红外线遥控器操控机器人。Makeblock 源自于创客（Maker）精神，以 CC（Creative Commons）授权、开放源代码（Open Source）平台为基础，利用 mBlock 设计程序驱动与 Arduino 电路板兼容的传感器，当每个人在动手实作设计机器人程序时，能够同时获得机器人（Robotics）、程序设计（Programming）与 Arduino 电子电路整合的学习经验，让机器人自动循黑线前进、避开障碍物、闪烁 LED 灯及播放声音，如图 1-1 所示。

Arduino 与
传感器模块

手机 / 平板电脑、
无线 / 蓝牙 /
红外线遥控

机器人巡线、自走、
闪烁 LED 及蜂鸣器
发声

mBot 机器人

mBlock
设计程序

🎧 图 1-1　认识 mBot 机器人

1-2　mBot 机器人与 mBlock 程序设计

mBot 机器人（mBot Robot）由 mCore 主板（mCore main board）与许多以 Arduino 为基础的电子模块组成；而 mBlock 程序是图形化的程序设计软件，程序执行结果主要控制 mBot 机器人的各种功能。

1　mBot 机器人硬件组件

mBot 机器人的硬件包括：mCore 主板、蓝牙（Bluetooth）或 2.4GHz 无线（2.4GHz Wireless Serial）模块、电机、巡线传感器、超声波传感器、红外遥控器与外接扩充传感器等，如图 1-2 所示。

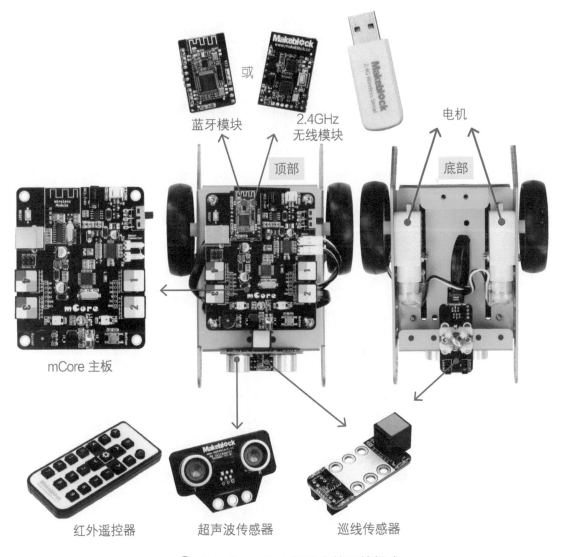

🔊 图 1-2　mBot 机器人的硬件组成

mCore 主板的组成及连接方式如图 1-3、图 1-4 所示。

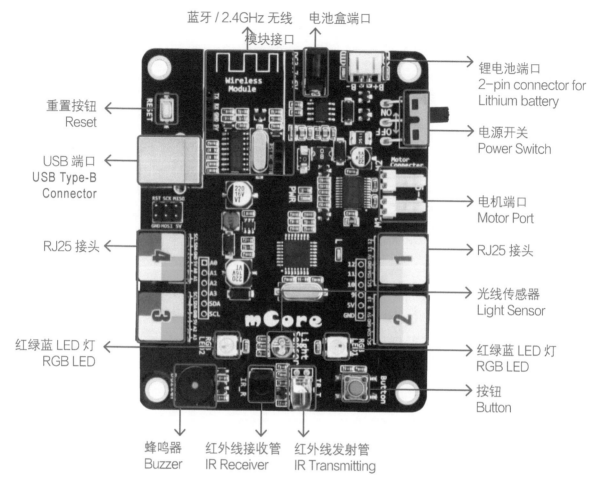

蓝牙 / 2.4GHz 无线
模块接口

电池盒端口

锂电池端口
2-pin connector for
Lithium battery

重置按钮
Reset

电源开关
Power Switch

USB 端口
USB Type-B
Connector

电机端口
Motor Port

RJ25 接头

RJ25 接头

光线传感器
Light Sensor

红绿蓝 LED 灯
RGB LED

红绿蓝 LED 灯
RGB LED

按钮
Button

蜂鸣器
Buzzer

红外线接收管
IR Receiver

红外线发射管
IR Transmitting

图 1-3　mCore 主板

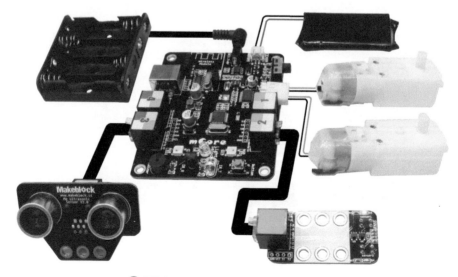

图 1-4　mBot 主板的连接方式

2　mBlock 程序

● mBlock 与 Scratch

mBlock 程序积木源自于 Scratch 2.0 程序积木，Logo 图案以熊猫取代 Scratch 的小猫，操作方式、积木功能皆与 Scratch 2.0 相同且兼容，可以互相打开，仅 機器人模塊 类别积木限定在 mBlock 中才能打开并在 mBot 主程序中执行。

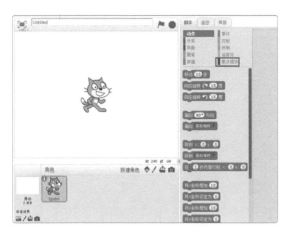

Scratch 图形化程序

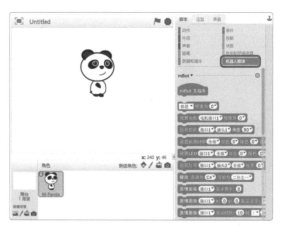

mBlock 图形化程序

小叮咛

Scratch 显示机器人模组积木 "未定义"，无法执行，其余类别积木皆可执行。

mBlock 正确显示机器人模组积木及其余类别积木，并且能正确执行。

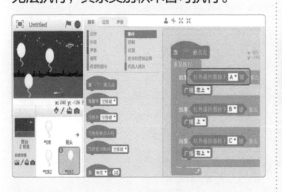

在 Scratch 中打开机器人模组积木

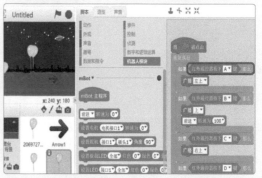

在 mBlock 中打开机器人模组积木

● mBlock 程序界面

mBlock 程序界面主要分成舞台、角色、积木、程序区四大区域，另外有菜单、编辑角色按钮。

1 程序界面

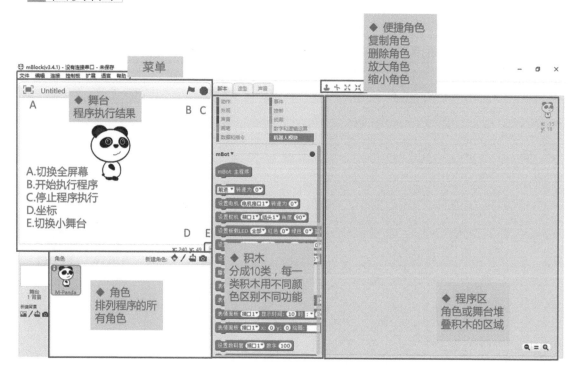

注：mBlock 的菜单随版本的不同而所有差异，本书以 V3.4.1 为例演示。

2 功能表

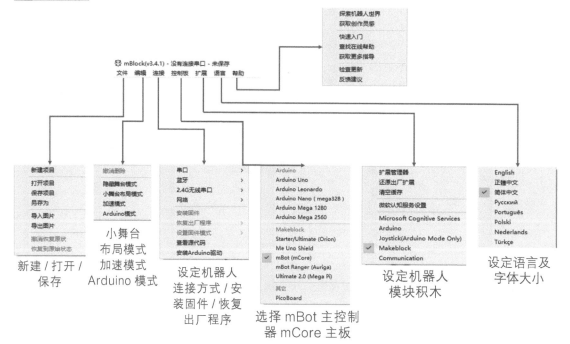

新建 / 打开 /
保存

小舞台
布局模式
加速模式
Arduino 模式

设定机器人
连接方式 / 安
装固件 / 恢复
出厂程序

选择 mBot 主控制
器 mCore 主板

设定机器人
模块积木

设定语言及
字体大小

1-3 mBot 机器人的运作方式

mBot 机器人组件必须搭配 mBlock 程序积木来驱动。mBot 机器人除了有 mCore 主板上的组件之外，Makeblock 还在不断地研发新的扩充传感器。本节将学习 mBot 机器人的运作方式、mBot 机器人组件与 mBlock 程序积木相对应的功能和 mBot 机器人的特性。

1 mBot 机器人运作方式

若要让 mBot 机器人上方 mCore 主板的 LED 灯闪烁，则 mBot 机器人组件的运作方式是：通过 mBlock 程序积木下指令，驱动 mCore 主板上的 Arduino 组件，让 mBot 机器人的传感器或组件动作。mBot 机器人组件的运作方式见表 1-1。

● 表 1-1 mBot 机器人组件的运作方式

mBlock 程序	软件：负责下指令	mBlock 堆栈"LED1 红灯亮 1s 后，LED2 红灯跟着一起亮"的程序积木
mCore 主板	软件与硬件之间沟通	驱动 mCore 主板左右两侧的 LED 灯
mBot 机器人	硬件：执行指令	mBot 机器人的 LED1 红灯亮 1s 后，LED2 红灯跟着一起亮

2 mBot 机器人组件与 mBlock 积木

mBot 机器人组件与 mBlock 积木功能的对应情况见表 1-2。

⟳ 表 1-2　mBot 机器人组件与 mBlock 积木功能对照表

mBot 机器人组件	mBlock 积木与功能
	前进▼ 转速为 100▼ 设定电机前进、后退、左转、右转。 转速范围为 -255 ~ 0 ~ 255；0 为停止， 50、100、255 为电机动力；负数为反向 设置电机 电机接口1▼ 转速为 0▼ 设定 M1 与 M2 电机前进、后退、左转、右转。 转速范围从 -255 ~ 0 ~ 255；0 为停止， 50、100、255 为电机动力；负数为反向
LED 灯 	设置板载LED 全部▼ 红色 0▼ 绿色 0▼ 蓝色 0▼ 设定 LED 灯。 所有的：两边的灯；1：LED1；2：LED2。 关闭：红色 0、绿色 0、蓝色 0。 20、60、150、255 为 LED 灯的亮度。 注：LED1、LED2 的位置随机器人版本有差异
蜂鸣器 	播放 音调为 C4▼ 节拍为 二分之一▼ 播放音调，C4 为音符 Do，D4 为音符 Re， E4 为音符 Mi，F4 为音符 Fa，G5 为音符 So，A4 为音符 La，B4 为音符 Si
光线传感器 	光线传感器 板载▼ 传回板载或端口中光线传感器测得的光线 值，晚上一般为 0 ~ 100，室内照明一般为 100 ~ 500，曝晒在日光下一般为 500 以上

mBot 机器人组件	mBlock 积木与功能
按　钮 	当板载按钮 已按下▼ 当按钮被按下或松开时开始执行 板载按钮 已按下▼ 侦测按钮已按下或已松开。侦测结果为真或假。真（True）：已按下或已松开; 假（False）：未按下或未松开
超声波传感器 	超声波传感器 接口3▼ 距离 传回端口（1～4）中超声波传感器测得的距离值
巡线传感器 	巡线传感器 接口2▼ 传回端口（1～4）中巡线传感器的侦测值（0～3）
红外遥控器 	红外遥控器按下 A▼ 键 侦测红外遥控器上的 A 键是否被按下。侦测结果为真或假。真（True）：已按下 A 键; 假（False）：未按下 A 键

注：mBot 传感器会持续更新，mBlock 积木也会跟着更新。

3　mBot 机器人的特性

● 轻松动手实作

　　组装容易又能激发科学、技术、工程与数学（STEM: Science、Technology、Engineering、Mathematics）应用在生活中的无限创造力。

● 图形化或文字程序设计界面

　　具有源自于 Scratch 2.0 的 mBlock 图形化程序设计界面或以 Arduino IDE 为基础的文字程序设计界面，如图 1-5 所示。

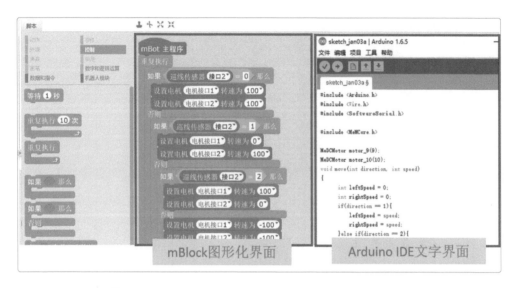

🎧 图 1-5　用 mBlock 或 Arduino IDE 编辑程序

● 传感器兼容

　　只要是以 Arduino 为基础的传感器，就能够与 mBot 兼容，连接在 mCore 主板上执行。

● 支持手机应用程序

　　支持手机 iOS App 与 Android App，App 界面如图 1-6 所示。

🎧 图 1-6　使用手机 mBot App 操控 mBot 机器人

● 多元连接方式

可利用手机、计算机或平板电脑的蓝牙、2.4GHz 无线或 USB 连接 mBot。

● 多功能生活化传感器

Makeblock 目前已开发出许多跟生活经验相结合的 mBot 机器人传感器，例如：巡线传感器、超声波传感器、光线传感器、红外传感器、人体红外传感器、声音传感器、温度传感器、温湿度传感器、气体传感器、火焰传感器、触摸传感器、4 键按钮、电子罗盘、游戏杆、相机快门、陀螺仪、限位开关、舵机等，如图 1-7 所示。

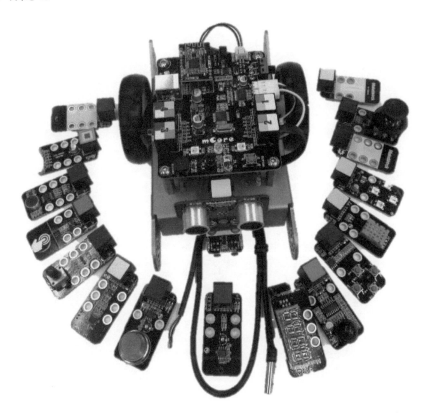

🔈 图 1-7　与 mBot 机器人兼容的传感器

1-4　下载并安装 mBlock 与 Arduino 程序

想让 mBot 机器人运行，首先需安装 mBlock 程序与 Arduino 驱动程序、更新固件，才能开始设计程序并执行，让机器人做出动作，本节将介绍下载并安装相关程序的过程。

步骤一
安装 mBlock 程序及 Arduino 驱动程序

步骤二
更新固件

步骤三
设计程序（Script）并执行，机器人做出动作

1　下载安装 mBlock 程序

（1）打开浏览器，进入 mblock 的官方网站。

（2）单击 windows Download ，开始下载。

（3）下载完成后解压缩，运行程序（mBlock_win_v3.4.1.exe）。

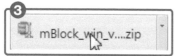

（4）单击【执行】。

（5）单击【中文（简体）】，再单击【确定】。

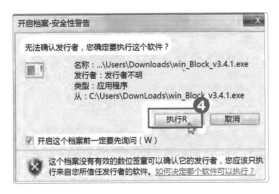
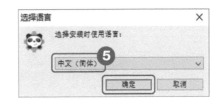

（6）接续单击【下一步】，安装完成后，打开 mBlock。

2 安装 Arduino 驱动程序

安装 Arduino 驱动程序以上传 Arduino 固件程序到 mCore 主板，或在 Arduino IDE 环境中编辑程序。

方法 ❶　在 mBlock 程序中安装

在 mBlock 程序中，单击【连接】→【安装 Arduino 驱动】。

方法 ❷　下载驱动程序并安装

打开浏览器，进入 Makeblock 官方网站的相关页面。

单击【Windows installer】，下载 Arduino 驱动程序。

1-5 mBot 机器人的连接方式

要启动 mBot 机器人，首先要连接 mBot 机器人与 mBlock 程序，连接方式分为 USB 端口、计算机蓝牙、手机蓝牙、2.4GHz 无线串行端口与网络。

1 USB 端口

● USB 连接

将 mBot 机器人的 USB 端口与计算机的 USB 端口连接，如图 1-8 所示。

↑ 图 1-8　USB 连接方式

● mBlock 连接

（1）单击【连接】→【串口】，并勾选【COM4】。

小叮咛

每台计算机的 COM 口皆不相同。检查 COM 口的方法为：在"计算机"上单击右键，单击【管理】，再单击【设备管理器】中的【端口】。

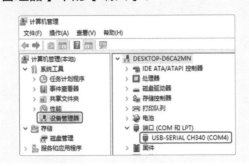

（2）单击【控制板】，勾选
【mBot】。

（3）单击【连接】→【安装
固件】。

（4）固件更新完成后，单击
【关闭】。

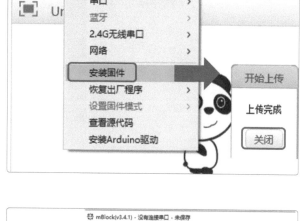

 小叮咛

　　第一次使用 mBot 机
器人或计算机与 mBot
机器人连接中断时，建
议安装固件。

（5）勾选【扩展】下的
【Makeblock】。

小叮咛

　　扩充勾选成功后，在
机器人模块 中会显示
mBot 主程序积木。

2 计算机蓝牙

计算机蓝牙设定分成两步，第一步为"建立计算机蓝牙与 mBot 机器人的蓝牙配对连接"，接着第二步在 mBlock 中"设定蓝牙连接的串行端口"。

●蓝牙模块安装

将 mBot 机器人的蓝牙模块安装在 mCore 主板上，如图 1-9 所示。

●计算机蓝牙与 mBot 机器人蓝牙配对

⬆ 图 1-9 蓝牙模块的安装方式

步骤一： 在我们要把 USB 线从 mBot 上移除之前，必须先解除联机状态，防止系统误判信息。

单击［连接］→［串口］→［COM x］，取消连接，如右图所示。

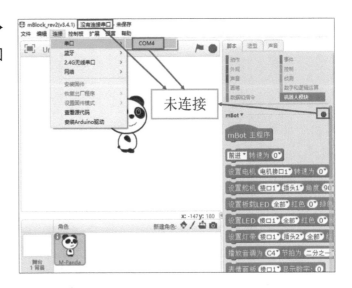

步骤二：打开手机蓝牙，手机蓝牙与 MakeBlock 配对。

（1）单击［蓝牙］→［发现］。

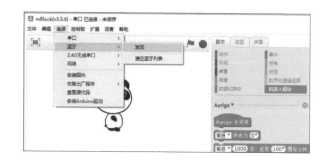

（2）别忘记也需要打开计算机端的蓝牙装置，出现［正在搜寻蓝牙设备……］窗口。

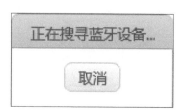

（3）计算机搜寻之后，出现 Makeblock 的蓝牙 mac 地址，请单击地址进行连接。

（4）出现［连接蓝牙中］的小窗口。

（5）计算机会要求未曾联机的装置输入密码。

（6）单击［是］，会出现［蓝牙已连接］的提醒窗口。

（7）单击［结束］，关闭窗口。确认 mBlock 的标题栏出现"蓝牙已连接"字样，"机器人模块"下的红灯图案变成绿灯图案。

　　恭喜！ mBot 联机成功，我们可以开始利用蓝牙控制 mBot，不会受到 USB 线的拖累了。

3　手机蓝牙

　　手机蓝牙连接仅限用于蓝牙版机器人，下载 Makeblock App，利用手机操控机器人，操作分成下列步骤。

步骤一：下载手机版 Makeblock App。

　　利用手机遥控机器人之前，必须先到手机的 App Store 下载 Makeblock App。

（1）在应用商店中搜索【Makeblock】，并下载。

（2）单击"获取/安装"，安装【Makeblock】。

步骤二：打开手机蓝牙，让手机蓝牙与 Makeblock 配对。

（1）打开 mBot 机器人的电源。

（2）在手机的【设置】中，打开手机蓝牙。

（3）单击【Makeblock】图标，打开 Makeblock 主程序。

（4）将手机靠近 mBot，连接蓝牙。

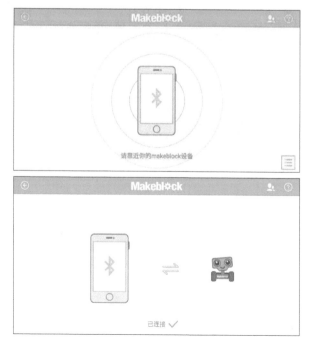

（5）选择相应的机器人模式，进入控制界面。

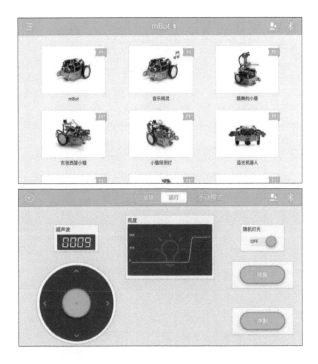

步骤三：编程。

（1）点击【编辑】，进入编程模式。

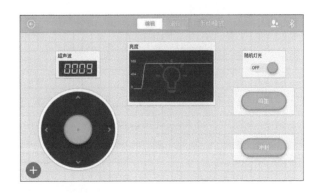

（2）点击左下角"+"，打开编辑菜单。

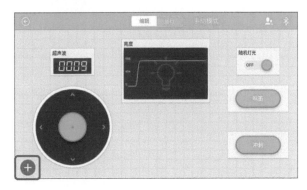

（3）单击【显示】，找到【灯光颜色】，拖动到主界面。

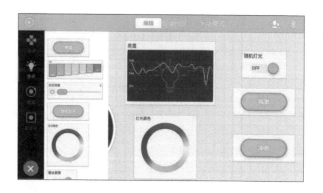

（4）单击【运行】，返回遥控模式。

（5）可以通过灯光颜色模块控制 mBot 板载 LED 颜色。

 问题解决

1. 无法自动避开障碍物?

　　检查超声波传感器的端口是否为 3。

2. 无法巡线前进？

　　(1) 检查巡线传感器的端口是否为 2。

　　(2) 检查 M1 端口是否连接左边电机（在 RJ25 端口 1、2 的正下方），M2 端口是否连接右边电机（在 RJ25 端口 3、4 的正下方）。

反面　　　　　　　　　　　　　　反面

4　2.4GHz 无线串口

2.4GHz 无线串口的设定分成两步，第一步为"硬件安装"，先将 2.4GHz 无线网卡装在计算机上，再将 2.4GHz 无线模块装在 mCore 主板上；第二步为"mBlock 连接"，在 mBlock 中设定 2.4GHz 无线串口连接。

● 2.4GHz 无线模块安装

将 2.4GHz 无线网卡插在计算机的 USB 接口上，再将 2.4GHz 无线模块插在 mCore 主板上，如图 1-10 所示。

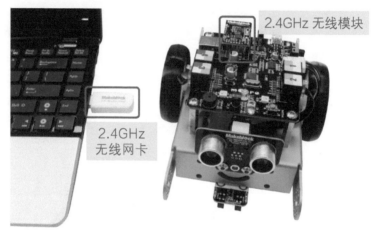

⌂ 图 1-10　2.4GHz 无线模块的安装方式

● mBlock 连接

在 mBlock 中，单击【连接】→【2.4GHz 无线串口】→【连接】。

连接成功，信息栏会显示"2.4G 无线串口已连接"。

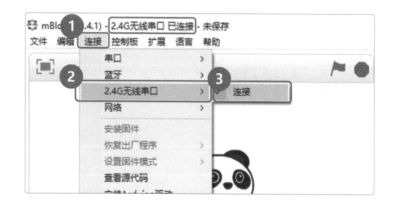

5　网络连接

　　网络连接中，当用在两台计算机同时打开 mBlock 程序时，利用其中一台计算机远程传送信息或数据给另一台计算机的 mBlock 程序。

● 连接方式

　　建立两台计算机的 mBlock 网络连接。

（1）两台计算机同时打开 mBlock。

（2）若两台计算机连接成功，单击【连接】→【网络】，系统会自动显示两台计算机，勾选对方 IP【10.0.1.223】。

> **小叮咛**
>
> 若单击【自定义连接】，需接着输入另一台打开 mBlock 程序计算机的 IP【X.X.X.X】。

（3）单击【扩展】，并勾选【Communication】。

小叮咛

查询计算机 IP 的方法：

1. 在【开始】的【搜索程序和文件】中输入"cmd"。

2. 在系统管理员中输入"ipconfig"，IPv4 地址为本机 IP。

● 通信积木功能

网络连接建立成功之后，两台计算机间的数据传递是使用"通信积木"。以下先了解通信积木的功能。

通信积木	功能
当收到数据时	当接收到数据时开始执行下方每一行程序
有数据可读？	侦测是否有数据可读。侦测结果为真（True）或假（False）
是否等于 ？	侦测两者是否相等。侦测结果为真（True）或假（False）
读取一行数据	读取一行数据并传回
写一行数据 你好	写一行数据"你好"
发送变量 var = value	发送变量（var）的值（value）
读取变量 var 的值	读取变量（var）的值并传回
清空数据	清空数据

● 传递数据

现在利用网络连接功能，让计算机 A 传递数据给计算机 B。

计算机 A：传递数据	计算机 B：接收数据
功能：传递数据 10 给计算机 B	功能：计算机 B 接收到数据 10 时，移动 10 步
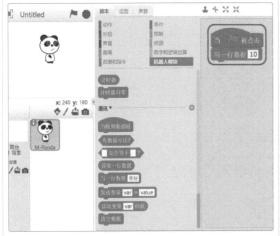	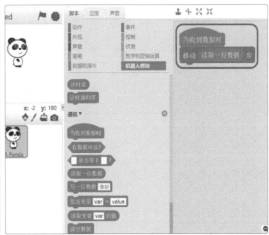

1-6　通过红外遥控 mBot 机器人

本节将以 mBot 机器人原厂默认功能，利用红外遥控器让机器人前进。

1　红外遥控器

红外遥控（Infrared Remote）的原理是利用 mCore 主板上的红外线接收组件，接收遥控器的信号。在使用红外遥控器操控 mBot 机器人之前，必须先确认机器人已"恢复出厂程序"才能使用。用红外遥控器操控机器人，主要默认功能如图 1-11 所示。

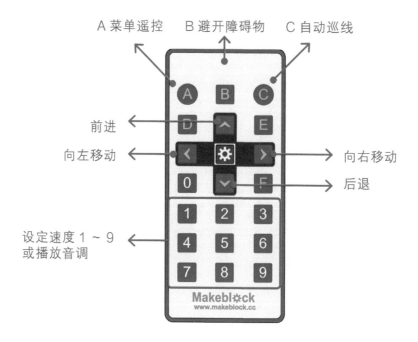

A 菜单遥控　　B 避开障碍物　　C 自动巡线

前进

向左移动

向右移动

后退

设定速度 1 ～ 9
或播放音调

♪ 图 1-11　红外遥控器的默认功能

● 恢复出厂程序

　　将机器人恢复出厂程序，就可以利用红外遥控器操控机器人，其设定方法
如下。

（1）将 mBot 机 器 人 用
USB 线连接到计算机。

小叮咛

恢复出厂程序必须连
接 USB，无法使用蓝
牙或 2.4GHz 无线连
接。

（2）单击【连接】的【串口】，并勾选【COM4】。

（3）单击【连接】的【恢复出厂程序】。

（4）上传完成后，单击【关闭】。

（5）开始使用遥控器操控机器人。

小叮咛

若 mBot 机器人没有执行过任何 mBlock 程序或未上传任何 mBot 主程序到 Arduino 的 mCore 主板，可以不恢复出厂程序。

小试身手

(1) 打开 mBot 机器人电源开关。

(2) 将 mBot 机器人放在巡线纸上。

1. A 菜单遥控

按下遥控器按钮 A，再按 ▲（上）、▼（下）、◀（左）、▶（右），检查机器人是否前进、后退、左转、右转。

按 1～9 调整机器人速度。

执行结果：□ 能够前后左右移动　□ 无法移动，原因：＿＿＿＿＿＿＿＿。

2. B 避开障碍物

按下遥控器按钮 B，检查机器人是否自动避开障碍物。

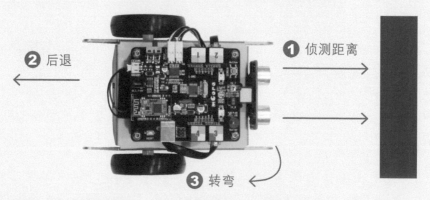

执行结果：□ 自动避开　□ 无法避开，原因：＿＿＿＿＿＿＿＿＿＿。

3. C 自动巡线

按下遥控器按钮 C，检查机器人是否依循黑色的线前进。

执行结果：□ 巡线前进　□ 无法巡线前进，原因：＿＿＿＿＿＿＿＿＿。

4. 1 ～ 9 播放音调

按下遥控器按钮 1 ～ 9，检查机器人蜂鸣器是否播放音调。

执行结果：□ 播放音调　□ 无法播放音调，原因：_____。

问题解决

1. 若按下按钮 A、B、C 完全没反应？

(1) 将 mBot 机器人重新插上 USB 与计算机连接。

(2) 恢复出厂程序。

2. 若按下按钮 B 没有避开障碍物或按下按钮 C 没有循黑色线前进？

(1) 将电机 M1 与 M2 的插头互换，可能是左右电机的线插反了。

(2) 检查超声波传感器与巡线传感器的端口是否正确。

小叮咛

使用遥控器时，必须对着机器人的红外接收器按下遥控器按钮。

第1章 实力评测

单选题

( ) 1. 下列关于 mBot 机器人的叙述，哪个正确？

    (A) 由创客工场（Makeblock）设计制造

    (B) 源自于自创者（Maker）精神

    (C) 传感器与 Arduino 电路板兼容

    (D) 以上皆是

( ) 2. 下列哪个不属于 mBot 机器人的组成组件？

    (A) mBot 机器人（mBot Robot）

    (B) mBlock 程序

    (C) mCore 主板（mCore main board）

    (D) LEGO 乐高积木

( ) 3. 下列关于 mBot 机器人的特性，哪个有误？

    (A) 无法使用网络连接

    (B) 可以使用无线串口连接

    (C) 可以使用 USB 端口连接

    (D) 可以使用手机蓝牙连接

( ) 4. 若想要利用手机操控机器人，mBot 机器人应使用哪一种连接方式？

    (A) 无线串口　(B) 蓝牙　(C) 网络　(D)USB 端口

( ) 5. 若想让机器人发出声音，会使用下列哪一个组件？

    (A) 蜂鸣器　(B)LED 灯　(C) 扬声器　(D) 蓝牙

填空题

请写出下列 mCore 主板中的传感器或组件名称：

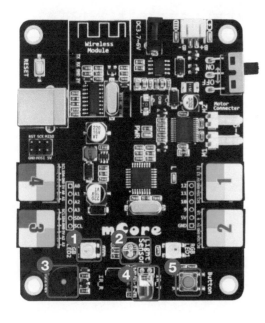

1. _____

2. _____

3. _____

4. _____

5. _____

实作题

1. 请利用手机连接让 mBot 机器人的蜂鸣器发出音调，并闪烁 LED 灯。

2. 请利用红外遥控器，让 mBot 机器人"加速"直线前进。

2 按下按钮 跟着熊猫一起走

本章将设计当按下机器人的按钮时，熊猫妈妈跟小熊猫，不停重复地面向熊猫爸爸，并朝着熊猫爸爸的方向走的程序。熊猫爸爸则是自由自在地在舞台散步。设计程序前，先规划与动画情境相关的脚本、硬件按钮组件与按钮 mBlock 积木。

学习目标

1. 认识按钮组件与按钮 mBlock 积木
2. 认识舞台、背景与坐标
3. 认识角色与造型
4. 理解事件、控制与动作积木
5. 设计跟着熊猫一起走程序

本章节次

2-1 按钮组件与"按钮"mBlock 积木

2-2 新增舞台背景

2-3 新增角色与造型

2-4 "事件"积木启动程序执行

2-5 "控制"积木控制执行流程

2-6 "动作"积木

2-7 跟着熊猫一起走程序设计

2-8 当按下机器人按钮时

2-9 M-Panda 熊猫爸爸重复移动

2-10 M-Panda2 熊猫妈妈和小熊猫面向角色移动

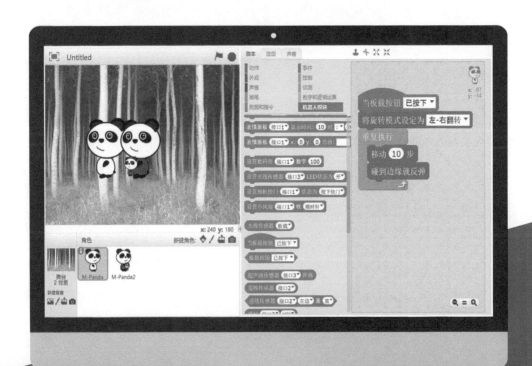

2-1　按钮组件与"按钮"mBlock 积木

1　按钮组件

　　mBot 机器人按钮的主要功能是按下按钮开始执行程序或松开按钮开始执行程序，如图 2-1 所示。

⬆ 图 2-1　按钮的位置

2　按钮 mBlock 积木

　　按钮积木的主要功能是按下按钮或松开按钮时传送信息给程序，开始执行程序，或者传回按钮的侦测值。

积木	功能	说明
当板载按钮 已按下 ▼ → 当板载按钮 已按下 ▼ / 已按下 / 已松开	当按下按钮或松开按钮时开始执行程序	已按下或已松开
板载按钮 已按下 ▼ → 板载按钮 已按下 ▼ / 已按下 / 已松开	侦测按钮已按下或已松开	侦测结果为真或假。真（True）：已按下或已松开；假（False）：未按下或未松开

小试身手

步骤 **1** 侦测按钮（ 范例 2-1-1 ）

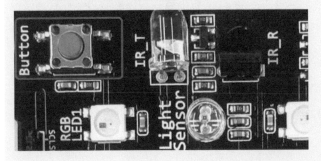

1. 打开 mBot 机器人的电源开关，并设定连接方式，按住机器人的按钮。

2. 在  积木上快按 2 下，检查按钮"已按下"的侦测值为何？

执行结果：□ True □ False

步骤 **2** 按下按钮

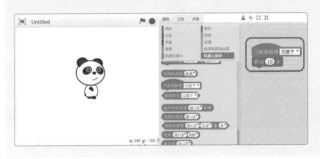

1. 拖曳积木 。
2. 按下按钮时熊猫如何移动？

执行结果：_____

2-2 新增舞台背景

本节将认识舞台与背景的关系、舞台坐标、再新增一个舞台背景。

1 舞台与背景

舞台是显示程序执行结果的区域。背景属于舞台的场景变化之一，舞台可以利用 `将背景切换为 背景1 ▼` 等积木，设计程序切换不同的背景。例如：将舞台想象成活动的地点，背景则是运动场、公园、学校等。

● 新增舞台背景

新增舞台背景的方式有下列 4 种。

方法 ❶

🖼 选择背景

从 mBlock 内建背景库中选择背景。

方法 ❷

✏ 画新背景

用绘图工具画新背景。

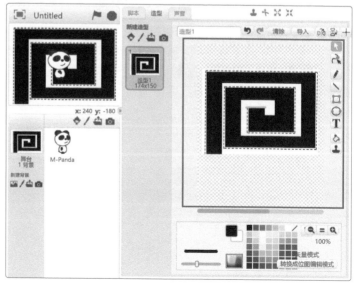

方法 ❸

📤上传背景文件

从计算机上传图片文件当作背景。

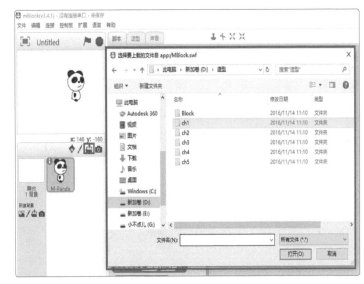

方法 ❹

📷用摄像头拍摄新背景

用摄像头拍摄照片当背景。

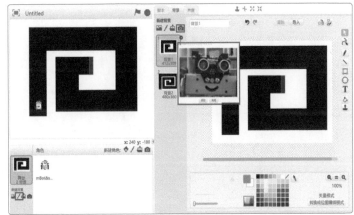

2　新增舞台背景

从背景库中选择森林（Forest）当舞台背景。

在舞台中，单击【选择背景】，点选"forest"，并单击【确认】。

3　舞台坐标

舞台是显示角色执行程序结果的地方，角色在舞台的位置以（X，Y）坐标表示，舞台宽度是 480，范围为 –240 ~ 240，称为"X 坐标"；高度是 360，范围为 –180 ~ 180，称为"Y 坐标"，正中心点的坐标为（X: 0，Y: 0），如图 2-2 所示。

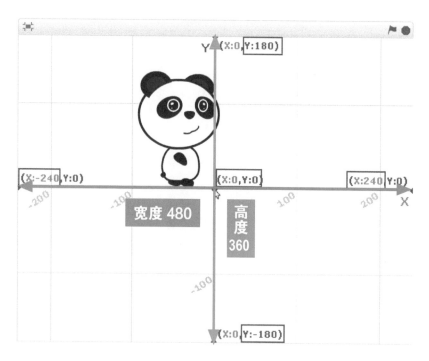

🎧 图 2-2　舞台坐标图

2-3　新增角色与造型

本节将认识角色与造型的关系，再新增"熊猫爸爸"与"熊猫妈妈与小熊猫"两个角色。

1　角色与造型

角色是 mBlock 程序设计的"主角"，每一个角色可以变换不同的"造型"或"音效"并堆栈不同的"程序"。若将角色比拟成"人物"，而造型就是这个人外观的变化或动作的变化，例如："穿着运动服""打棒球""走路"等。

●新增角色造型

新增角色造型的方式包括下列 4 种。

方法 ①

🔥 **从角色库中选择角色**

从 mBlock 内建角色库中选择角色造型。

方法 ②

✏ **画新角色**

在造型区画新角色造型。

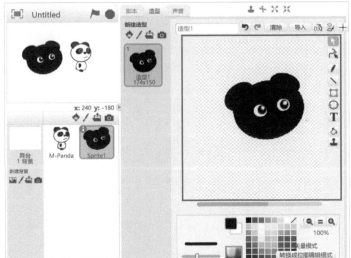

方法 ③

📤 **上传角色文件**

从计算机上传新的角色文件。

方法 ④

📷 **用摄像头拍摄新角色**

用计算机的摄像头拍照，
作为角色造型。

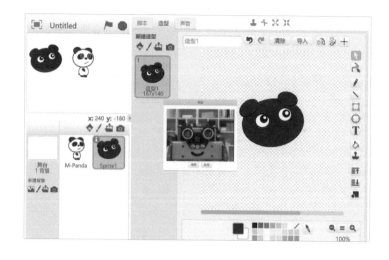

● 编辑角色信息

编辑与角色相关的信息及设定，单击角色的"角色信息"。

⟶ 角色名称

⟶ 角色目前方向

↱ ↻ 角色360°旋转
↦ 角色左右旋转
● 角色固定不旋转

↳ 角色舞台坐标

2　从角色库中选择装扮

利用"熊猫爸爸"复制"熊猫妈妈与小熊猫"角色。

（1）在新增角色中，单击【从角色库中选取角色】。

（2）点选"M-Panda"，并单击【确认】。

（3）单击"M-Panda2"的 造型 。

（4）单击【 复制】，在"M-Panda"上点一下，复制另一只"M-Panda2"。

（5）单击【 选择】，拖曳，缩小"M-Panda2"。

（6）单击【 将图形上色】，点选颜色，并在"M-Panda2"上单击一下，更改颜色。

小叮咛

单击 ，练习将"M-Panda"更改为"熊猫爸爸"将"M-Panda2"更改为"熊猫妈妈与小熊猫"。

2-4 "事件" 积木启动程序执行

事件积木的主要功能是在绿旗、键盘、角色或背景、音量、时间、视频移动与广播的状态发生变化后开始执行程序。

启动方式	绿旗点一下	按下或松开键盘按键
积木	当　　被点击	当按下 空格键▼ 或 当松开 空格键▼
功能	当绿旗被单击时，开始依序执行下方每一行积木	当按下空格键（任何键）或松开空格键（任何键），开始依序执行下方每一行积木
范例 2-4-1	绿旗被单击时，往右移动 10 步 当　　被点击 移动 10 步	按下空格键，往右移动 10 步 当按下 空格键▼ 将x坐标增加 10

● 多媒体启动

启动方式	音量启动	定时器启动	视频启动
积木	当 响度▼ > 10	当 计时器▼ > 10	当 视频移动▼ > 10
功能	当话筒音量值大于 10 时，开始依序执行下方每一行积木	当定时器大于 10 时，开始依序执行下方每一行积木	当网络相机视频移动大于 10 时，开始依序执行下方每一行积木
范例 2-4-1	当音量值大于 10 时，往上移动 10 步 当 响度▼ > 10 将y坐标增加 10	当定时器大于 10 时，往右旋转 15° 当 计时器▼ > 10 向右旋转 15 度	当网络相机视频移动大于 10 时，往左旋转 15° 当 视频移动▼ > 10 向左旋转 15 度

小叮咛

 参数值 10 或 15
皆可依照自己的设计更改。

● 背景或角色启动

启动方式	背景启动	单击一下角色启动
积木	当背景切换到 背景2 ▼	当角色被点击时
功能	当背景切换为"背景1"时，开始依序执行下方每一行积木	单击一下角色时，开始依序执行下方每一行积木
范例 2-4-1	当背景切换为"Forest"时，角色移到舞台中央 当背景切换到 forest ▼ 移到 x: 0 y: 0	单击一下角色时，角色移到舞台中央 当角色被点击时 移到 x: 0 y: 0

● 广播启动

广播消息必须经过"传送"才能被"接收"。因此，角色或舞台利用 广播 message1 ▼ 与 广播 message1 ▼ 并等待 两个积木"传送"广播消息，其他角色或舞台再利用 当接收到 message1 ▼ "接收"广播消息并执行程序。

启动方式	广播启动
积木	当接收到 message1 ▼
功能	当接收到广播消息时，开始执行下方每一行积木
范例 2-4-2	当 M-Panda2 被单击一下，广播"跑" 当 M-Panda 接收到"跑"时，往右移动 100 步 M-Panda 当角色被点击时 广播 跑 ▼ ↓ M-Panda2 当角色被点击时 移动 100 步

2-5 "控制" 积木控制执行流程

控制积木的功能是控制程序的等待时间、程序的执行次数、程序的执行流程及创造克隆体程序。

1　控制等待时间

等待积木能够控制程序等待时间，再执行下一个积木。

等待方式	等待 X 秒
积木	等待 **1** 秒
功能	等待 1s 再继续执行下一个积木
范例 2-5-1	等待 1s 再将 Panda-a 的造型切换为 Panda-b　　当 ▶ 被点击　将造型切换为 Panda-a　等待 **1** 秒　将造型切换为 Panda-b

等待方式	等待直到条件成立
积木	等待
功能	等待，直到条件成立才执行下一行积木
范例 2-5-2	等待，直到按下空格键，再将 Panda-a 的造型切换为 Panda-b　　当 ▶ 被点击　将造型切换为 Panda-a　等待　按键 空格键 是否按下？　将造型切换为 Panda-b

2　控制执行次数

重复执行积木控制程序重复执行内层积木的次数。

执行方式	重复执行 X 次
积木	重复执行 **10** 次
功能	重复执行内层积木 10 次
范例 2-5-3	重复说 10 次 "你好"，再思考 "呃"　　当 ▶ 被点击　重复执行 **10** 次　说 你好！ **2** 秒　思考 呃...

执行方式	重复执行
积木	重复执行
功能	不停重复执行内层积木
范例 2-5-4	不停重复说"你好"

3 控制执行流程

控制执行流程积木依照条件判断结果决定执行流程，分为"单一结果""双结果"与"条件不成立时重复执行"。

● 单一结果

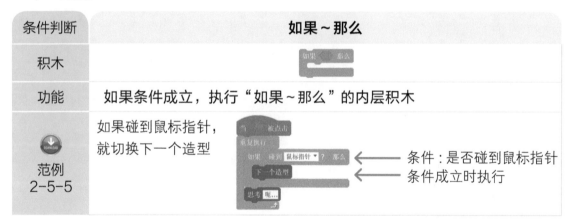

条件判断	如果～那么
积木	如果 那么
功能	如果条件成立，执行"如果～那么"的内层积木
范例 2-5-5	如果碰到鼠标指针，就切换下一个造型 条件：是否碰到鼠标指针 条件成立时执行

● 双结果

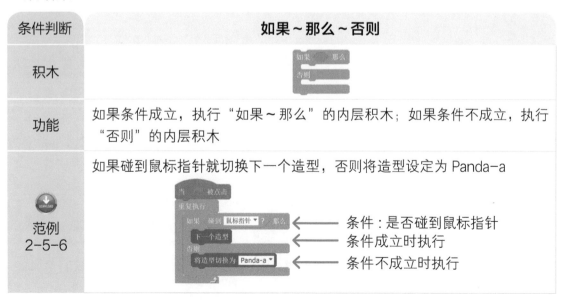

条件判断	如果～那么～否则
积木	如果 那么 否则
功能	如果条件成立，执行"如果～那么"的内层积木；如果条件不成立，执行"否则"的内层积木
范例 2-5-6	如果碰到鼠标指针就切换下一个造型，否则将造型设定为 Panda-a 条件：是否碰到鼠标指针 条件成立时执行 条件不成立时执行

● 条件不成立时重复执行

条件判断	重复执行直到
积木	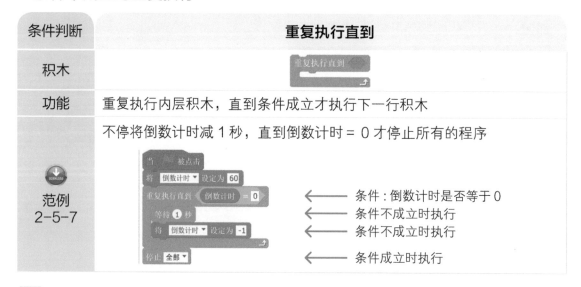
功能	重复执行内层积木，直到条件成立才执行下一行积木
范例 2-5-7	不停将倒数计时减 1 秒，直到倒数计时 = 0 才停止所有的程序

4　创造克隆体

控制类别积木能够控制角色创造自己或其他角色的克隆体、删除克隆体，并启动克隆体程序执行。

● 创造克隆体

克隆体功能	创造克隆体
积木	克隆 自己▼
功能	在角色相同的坐标，创造角色自己的克隆体或其他角色的克隆体
范例 2-5-8	创造 10 个自己的克隆体
结果预览	

小叮咛

"本尊"在相同坐标创造 10 个克隆体，因此在相同坐标会有"本尊"+"克隆体"，共 11 个角色。

●启动克隆体程序执行

克隆体功能	当克隆体产生时执行
积木	当作为克隆体启动时
功能	当克隆体产生时，开始执行克隆体的积木
范例 2-5-9	当克隆体产生时，在舞台中央随机排成一列 当作为克隆体启动时 移到 x: 在 -240 到 240 间随机选一个数 y: 13
结果预览	

●删除克隆体

克隆体功能	删除克隆体
积木	删除本克隆体
功能	删除角色的克隆体
范例 2-5-10	当克隆体产生时，往舞台右边移动，并删除 当作为克隆体启动时 在 1 秒内滑行到 x: 240 y: 0 删除本克隆体
结果预览	

2-6　"动作"积木

动作积木的主要功能是控制角色在舞台上的移动、方向、旋转或传回角色信息。

1 角色移动

角色在舞台移动方式包括：左右移动、上下移动、固定在舞台坐标、随机移动、定时移动、移到角色或鼠标指针所在位置。

● 角色移动

移动方式	A. 左右移动	B. 上下移动
积木	移动 10 步 或 将x坐标增加 10	将y坐标增加 10
功能	往右移动 10 步。 正数：往右移动。 负数：往左移动	往上移动 10 步。 正数：往上移动。 负数：往下移动
范例 2-6-1	按左移键（←），往左移动。 按右移键（→），往右移动 当按下 左移键 ▼　当按下 右移键 ▼ 将x坐标增加 -10　将x坐标增加 10	按上移键（↑），往上移动。 按下移键（↓），往下移动 当按下 上移键 ▼　当按下 下移键 ▼ 将y坐标增加 10　将y坐标增加 -10

移动方式	C. 设定固定位置	D. 随机移动
积木	(1) 移到 x: 0 y: 0 (2) 将x坐标增加 0 (3) 将y坐标增加 0	将下列积木组合 (1) 移到 x: 0 y: 0 (2) 在 1 秒内滑行到 x: -2 y: -31 (3) 在 1 到 10 间随机选一个数
功能	(1) 移到舞台（x，y）位置。 (2) 设定 x 坐标或水平位置。 (3) 设定 y 坐标或垂直位置	随机移到（x、y）位置或 1 秒内随机移到（x、y）位置

移动方式	E. 定时移动	F. 移到角色或鼠标指针所在位置
积木	在 ① 秒内滑行到 x: ⓿ y: ⓿	移到 鼠标指针 ▼
功能	在 1 秒内移到舞台（x、y）位置	移到鼠标指针或角色所在的位置
范例 2-6-2 2-6-3	按下空格键，1 秒内定时移到舞台最上方（0，180）与最下方（0，-180） 当按下 空格键 ▼ 在 ① 秒内滑行到 x: ⓿ y: ⓴⓼⓿ 在 ① 秒内滑行到 x: ⓿ y: -⓵⓼⓿	按下空格键，M-Panda 移到 M-Panda2 所在的位置 当按下 空格键 ▼ 移到 M-Panda2 ▼

2　角色旋转与方向

　　角色在舞台移动或旋转时会有不同的方向，包括面向上、下、左、右方向，面向其他角色方向与面向鼠标指针。

● 角色旋转

旋转方式	A. 向右旋转	B. 向左旋转
积木	向右旋转 ↻ ⓵⓹ 度	向左旋转 ↺ ⓵⓹ 度
功能	向右旋转 15°。 正数：向右旋转。 负数：向左旋转	向左旋转 15°。 正数：向左旋转。 负数：向右旋转
范例 2-6-4 2-6-5	按下绿旗，每一秒向右旋转6° 当 ⚑ 被点击 重复执行 　等待 ① 秒 　向右旋转 ↻ ⓺ 度	按下绿旗，每一秒向右旋转6° 当 ⚑ 被点击 重复执行 　等待 ① 秒 　向左旋转 ↺ -⓺ 度

旋转方式	C. 设定旋转方式
积木	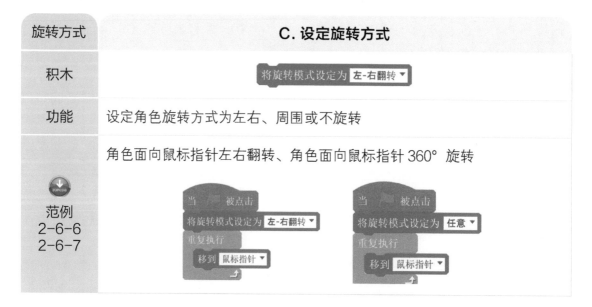
功能	设定角色旋转方式为左右、周围或不旋转
范例 2-6-6 2-6-7	角色面向鼠标指针左右翻转、角色面向鼠标指针 360° 旋转

● 角色方向

面向方向	A. 面向上、下、左、右
积木	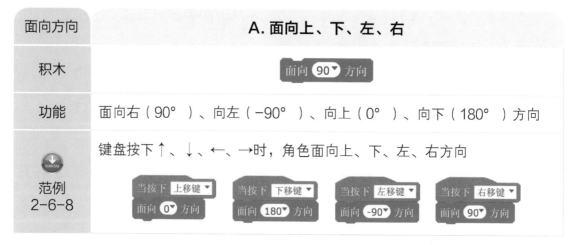
功能	面向右（90°）、向左（-90°）、向上（0°）、向下（180°）方向
范例 2-6-8	键盘按下 ↑、↓、←、→ 时，角色面向上、下、左、右方向

面向方向	B. 面向角色
积木	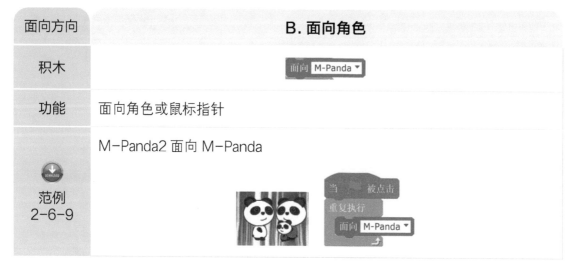
功能	面向角色或鼠标指针
范例 2-6-9	M-Panda2 面向 M-Panda

3　传回角色信息

动作类积木还可以传回角色在舞台的 x 坐标、y 坐标与方向。

传回信息	x 坐标	y 坐标	方向
积木	x坐标	y坐标	方向
功能	传回目前角色 x 坐标	传回目前角色 y 坐标	传回目前角色方向
范例 2-6-10 2-6-11 2-6-12	说目前角色的 x 位置 当　被点击 说　x坐标 2 秒	说目前角色的 y 位置 当　被点击 说　y坐标 2 秒	说目前角色的方向 当　被点击 说　方向 2 秒

2-7　跟着熊猫一起走程序设计

脚本规划

舞台	角色	动画情境
森林	mBot	按下机器人按钮
	熊猫爸爸 M-Panda	当按下机器人按钮时，熊猫爸爸随意走
	熊猫妈妈及 小熊猫 M-Panda2	当按下机器人按钮时，熊猫妈妈和小熊猫面向熊猫爸爸的方向走

2-8　当按下机器人按钮时

当按下机器人的按钮时，熊猫妈妈跟小熊猫，不停重复地面向熊猫爸爸，并朝着熊猫爸爸的方向走。

（1）连接计算机与 mBot 机器人的 USB 接口。

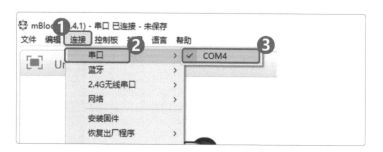

（2）单击【连接】的【串口】，并勾选【COM4】。

（3）单击【连接】的【安装固件】。

（4）固件更新完成后，按下【关闭】。

小叮咛

① 固件更新完成后，机器人会发出"哔"一声；勾选 mBot 积木显示"绿灯"。

② 第一次使用 mBot 或计算机与 mBot 连接中断时，建议更新固件。

（5）单击"M-Panda" 。

（6）拖曳 当板载按钮 已按下 到程序区。

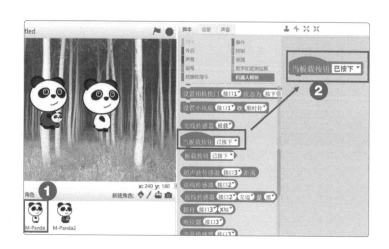

2-9　M-Panda 熊猫爸爸重复移动

M-Panda 熊猫爸爸不停重复，在舞台左右移动。

1　M-Panda 熊猫爸爸执行流程

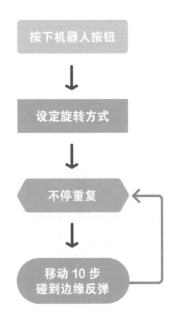

2　M-Panda 熊猫爸爸重复移动

（1）拖曳

到程序区。

（2）按下机器人的按钮，
M-Panda 熊猫爸爸开始
移动。

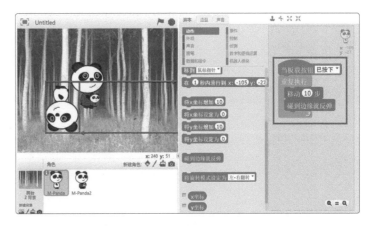

小叮咛

M-Panda 熊猫爸爸往右移动，碰到边
缘会反弹，但是会倒立。

（3）拖曳

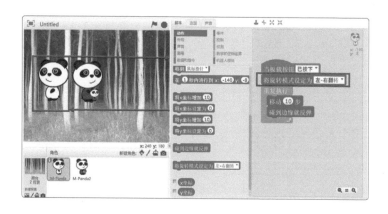

到程序区。

小叮咛

将旋转方式设为"左－右翻转"，碰到边缘会反弹，
面向左。

2-10 M-Panda2 熊猫妈妈和小熊猫面向角色移动

M-Panda2 熊猫妈妈跟小熊猫，不停重复地面向 M-Panda 熊猫爸爸，
并朝着 M-Panda 熊猫爸爸的方向走。

1 M-Panda2 熊猫妈妈及小熊猫执行流程

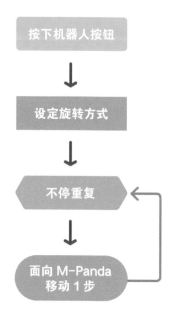

2 M-Panda2 熊猫妈妈及小熊猫面向熊猫爸爸

（1）拖曳

到程序区。

> M-Panda2 熊猫妈妈跟小熊
> 猫面向 M-Panda 熊猫爸爸。

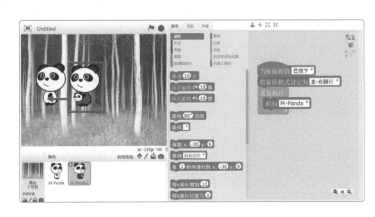

（2）拖曳

到程序区。

> 小叮咛
>
> 按下机器人按钮时，M-Panda2
> 熊猫妈妈跟小熊猫面向
> M-Panda 熊猫爸爸，并移动。

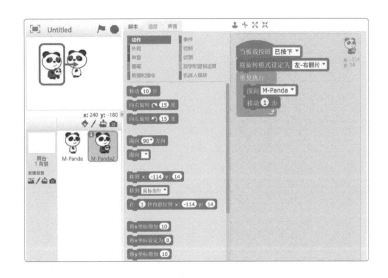

（3）单击【文件】→
【另存为】，文件名输入
"ch2.sb2"，并单击【保
存】。

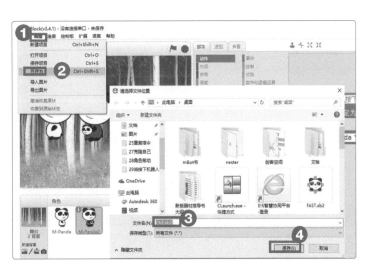

> 小叮咛
>
> mBlock 文件的扩展名
> 为 .sb2，可以在 Scratch
> 2.0 版本中打开。但是机器
> 人模块的积木无法显示，其
> 余程序可以正常执行。

第2章 实力评测

单选题

( ) 1. 若想设计在机器人的"按钮"被按下之后开始执行程序，应使用下列哪个积木？

(A) 当按钮 已按下

(B) 左转 转速为 0

(C) 当 被点击

(D) 当按下 空白键 键

( ) 2. 下列哪个积木可以让程序"重复"执行，永不停止？

(A) 如果 就

(B) 重复执行直到

(C) 不停重复

(D) 重复 10 次

( ) 3. 若想设计"按下空格键"开始执行程序，应使用哪个积木？

(A) 当 被点击

(B) 当角色被点击时

(C) 当按钮 已按下

(D) 当按下 空白键 键

( ) 4. 下列哪个积木能够"控制程序的执行次数"？

(A) 如果 就

(B) 重复 10 次

(C) 当 被点击

(D) 等待 1 秒

( ) 5. 下列关于积木的叙述，哪个不正确？

(A) 向右旋转 15 度 角色旋转

(B) 面向 90 方向 角色面向右

(C) 移到 鼠标指针 角色移到鼠标指针

(D) 移动 10 步 预设角色向上移动 10

( ) 6. 如何确认机器人的按钮已按下？

(A) 当按钮 已按下 传回 False

(B) 按钮 已按下 传回 False

(C) 按钮 已按下 传回 True

(D) 当按钮 已按下 传回 True

( ) 7. 若想设计"角色被单击一下时，广播跑"，应使用下列哪一组积木？

(A) 当角色被点击时 广播 跑
(B) 当按下 空格键 广播 跑
(C) 当接收到 跑 移动 100 步
(D) 当接收到 跑 广播 跑

( ) 8. 承上题，若另一个角色想设计"接收到广播跑时，开始移动"，应使用下列哪一组积木？

(A) 当角色被点击时 广播 跑
(B) 当按下 空格键 广播 跑
(C) 当接收到 跑 移动 100 步
(D) 当接收到 跑 广播 跑

( ) 9. 下列关于舞台坐标的叙述，哪个正确？
(A) 舞台的水平坐标是 y
(B) 舞台的垂直坐标是 x
(C) 舞台的宽度是 360
(D) 舞台的高度是 360

( ) 10. 下列关于右图积木的叙述，哪个不正确？
(A) 按下机器人的按钮才开始执行程序
(B) 角色会移到 M-Panda 的位置
(C) 角色会面向 M-Panda 移动
(D) 角色会左右旋转

实作题

1. 请将"M-Panda2"熊猫妈妈跟小熊猫的移动速度调整得更快。（ 💡 提示：移动 10 步 。）

2. 请将 当板载按钮 已按下 ，按下机器人按钮，开始执行程序，替换成键盘"按下空格键"开始执行程序。（ 💡 提示：当按下 空白键 键 。）

3 动力电机扫街车

本章将设计动力电机扫街车，它会不停地在清扫马路上的东西，并且播放《致爱丽斯》的音乐。马路上的东西若隐若现，若碰到动力电机扫街车，则广播消息给机器人。机器人接收到消息则前进、后退、左转、右转各一次。

学习目标

1. 认识电机组件与电机 mBlock 积木
2. 认识声音与侦测积木
3. 动力电机扫街车程序设计
4. 能够自动播放声音
5. 能够让舞台角色定时重复移动
6. 能够让机器人移动

3-1　电机组件与"电机"mBlock 积木

3-2　"声音"积木

3-3　"侦测"积木

3-4　动力电机扫街车程序设计

3-5　自动播放声音

3-6　定时重复移动

3-7　侦测水果色拉是否碰到扫街车

3-8　机器人移动

3-1 电机组件与"电机"mBlock 积木

1 电机组件

mBot 机器人电机的主要功能是提供动力，让车轮转动，电机转速为 –255 ~ 255，分成左侧（M1）电机与右侧（M2）电机，M1、M2 电机的配置如图 3-1 所示。

反面　　　　　　　　　　　　　　　　　　反面

🔊 图 3-1　M1 与 M2 电机配置图

2 电机 mBlock 积木

电机 mBlock 积木的功能是驱动电机，让电机运转，提供动力让机器人前进、后退、左转与右转，积木分成下列两种。

积　木	功　能	说　明
前进▾ 转速为 0▾ 255 100 50 0 -50 -100 -255	设定两个电机同时运转，前进、后退、左转或右转	转速范围为：–255 ~ 0 ~ 255；0 为停止，50、100、255 为电机动力；负数为反向
设置电机 电机接口1▾ 转速为 0▾ 电机接口1 电机接口2	可以分别设定 M1 与 M2 电机的转速，利用不同转速控制机器人前进、后退、左转或右转	

本章将使用  积木控制前进、后退、左转、右转与停止。其余积木将在第 8 章介绍。

前　进		后　退	
前进 转速为 50	参数：50 ~ 250	后退 转速为 50	参数：50 ~ 250
后退 转速为 -50	参数：−50 ~ −250	前进 转速为 -50	参数：−50 ~ −250

左　转		右　转	
左转 转速为 50	参数：50 ~ 250	右转 转速为 50	参数：50 ~ 250
右转 转速为 -50	参数：−50 ~ −250	左转 转速为 -50	参数：−50 ~ −250

停止前进		停止后退	
前进 转速为 0	参数：0	后退 转速为 0	参数：0

停止左转		停止右转	
左转 转速为 0	参数：0	右转 转速为 0	参数：0

 小试身手

机器人动了！（ ⬇ 范例 3-1-1）

1. 拖曳
```
当 🏳 被点击
前进 转速为 100
等待 1 秒
前进 转速为 0
```
到程序区。

2. 按下 🏳，观察机器人如何移动？

执行结果：＿＿＿＿＿＿＿＿＿

小叮咛

双击两下积木 前进 转速为 50 ，会让机器人持续前进不停止，因此建议配合 等待 1 秒 与 前进 转速为 0 ，前进 1s 后停止，利用等待 1s 控制前进时间。

3-2 "声音"积木

播放声音的方式为从 mBlock 单击 `声音` ，从计算机音箱播放声音，或者利用机器人模块中的 `播放 音调为 C4 节拍为 二分之一` ，让机器人蜂鸣器发出声音。本节将认识 mBlock 的 `声音` 积木，`声音` 积木的主要功能是让舞台或角色播放或弹奏声音并设定乐器、节奏与音量。

1 播放或弹奏声音

播放声音功能是播放 `音效` 中新增的音效或录音，而弹奏声音则是弹奏乐器音效。

● 播放声音

执行指令	A. 播放声音	
积木	`播放声音 喵`	`播放声音 喵 直到播放完毕`
功能	播放声音并继续执行下一行积木	播放声音，直到播放完毕才继续执行下一行积木
范例 3-2-1	单击一下绿旗，播放《生日快乐》音乐 `当 被点击` `播放声音 birthday`	

执行指令	B. 停止播放
积木	`停止所有声音`
功能	停止播放所有声音
范例 3-2-2	按下空格键时，停止播放所有声音 `当按下 空格键` `停止所有声音`

● 弹奏声音

弹奏声音预设的是钢琴的琴音，配合"设定乐器"，可以选择 21 种乐器的弹奏效果。弹奏鼓声则有 18 种乐器的效果。

执行指令	A. 弹奏音符	B. 弹奏鼓声
积木	弹奏音符 60▾ 0.5 拍	弹奏鼓声 1▾ 0.25 拍
功能	弹奏音符 Do（60）0.5 拍。 音符从低音 Do~ 高音 Do 共 15 音	弹奏鼓声 0.25 拍。 鼓声总共有 18 种选择

● 音符琴键对照

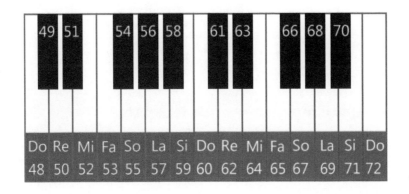

执行指令	按下 1 ~ 8 弹奏音符 Do ~ 高音 Do（范例 3-2-3）			
积木	当按下 1▾ 弹奏音符 60▾ 0.5 拍	当按下 2▾ 弹奏音符 62▾ 0.5 拍	当按下 3▾ 弹奏音符 64▾ 0.5 拍	当按下 4▾ 弹奏音符 65▾ 0.5 拍
功能	按 1 弹奏 Do	按 2 弹奏 Re	按 3 弹奏 Mi	按 4 弹奏 Fa
积木	当按下 5▾ 弹奏音符 67▾ 0.5 拍	当按下 6▾ 弹奏音符 69▾ 0.5 拍	当按下 7▾ 弹奏音符 71▾ 0.5 拍	当按下 8▾ 弹奏音符 72▾ 0.5 拍
功能	按 5 弹奏 So	按 6 弹奏 La	按 7 弹奏 Si	按 8 弹奏 Do

2 设定乐器、节奏与音量

● 设定乐器

执行指令	设定乐器种类
积木	设定乐器为 1▾
功能	设定弹奏音符的乐器种类，总共有风琴、木笛等 21 种乐器
范例 3-2-4	按下 1 键，弹奏吉他的 Do 音符 当按下 1▾ 设定乐器为 4▾ 弹奏音符 60▾ 0.5 拍

● 设定节奏

执行指令	A. 设定节奏	B. 休息拍数	C. 传回节奏值
积木	将节奏设定为 60 bpm	停止 0.25 拍	节奏
功能	设定角色的节奏为每分钟 60 拍（节奏就是每分钟的拍数）	休息 0.25 拍	传回角色的节奏，也就是传回每分钟的拍数
范例 3-2-5	**角色 A** 按下空格键时，将节奏设定为 30 拍/分钟，弹奏音符 So、Mi、Mi，休息 0.25 拍，再弹奏 Fa、Re、Re。 **单击一下角色 A** 说："节奏是 30" 当角色被点击时 说 合并 节奏是 与 节奏		当按下 空格键▾ 将节奏设定为 30 bpm 弹奏音符 67▾ 0.5 拍 弹奏音符 64▾ 0.5 拍 弹奏音符 64▾ 0.5 拍 停止 0.25 拍 弹奏音符 65▾ 0.5 拍 弹奏音符 62▾ 0.5 拍 弹奏音符 62▾ 0.5 拍

小叮咛

勾选节奏 ☑ 节奏 ，舞台会显示目前的节奏 节奏 60 。

● 设定音量

执行指令	A. 设定音量	B. 改变音量	C. 传回音量值
积木	将音量设定为 100	将音量增加 -10	音量
功能	设定角色的音量，音量值为 0 ~ 100；默认值为 100	改变音量值（正数：增加音量；负数：减小音量。）	传回角色的音量值
范例 3-2-6	角色 A 按下空格键时，将音量设定为 50%，再弹奏音符 So、Mi、Mi，每弹奏一个音符，将音量增加 10。 单击一下角色 A 说："音量是 80" 当角色被点击时 说 合并 音量是 与 音量		当按下 空格键▼ 将音量设定为 50 弹奏音符 67▼ 0.5 拍 将音量增加 10 弹奏音符 65▼ 0.5 拍 将音量增加 10 弹奏音符 65▼ 0.5 拍 将音量增加 10

小叮咛

勾选音量 ☑ 音量 ，舞台会显示目前的音量 。

3-3 "侦测"积木

侦测 积木的主要功能是侦测角色碰到、侦测提问、侦测键盘或鼠标输入、侦测距离、侦测视频、侦测时间及音量或传回侦测值。

1　侦测碰到

侦测碰到的功能是侦测角色碰到角色或角色碰到颜色。

侦测碰到	A. 碰到角色
积木	碰到 ▼ ?
功能	如果角色碰到其他角色、舞台边缘或鼠标指针就传回"真"值
范例 3-3-1	如果角色碰到鼠标指针就说:"你好!",否则思考:"呃" 当 ▶ 被点击 重复执行 　如果 碰到 鼠标指针 ▼ ? 那么 　　说 你好! 　否则 　　思考 呃…

侦测碰到	B. 碰到颜色	
积木	碰到颜色 ■ ?	颜色 ■ 碰到 ■ ?
功能	如果角色碰到颜色就传回"真"值	如果第 1 个颜色碰到第 2 个颜色就传回"真"值
范例 3-3-2	如果角色碰到白色就移动 10 步,碰到边缘反弹,否则站在舞台中心不动	当 ▶ 被点击 重复执行 　如果 碰到颜色 ■ ? 那么 　　移动 10 步 　　碰到边缘就反弹 　否则 　　移到 x: 0 y: 0

2 侦测提问

侦测提问功能让舞台或角色提出问题，并等待输入答案。

侦测提问	A. 提问	B. 答案
积木	询问 你叫什么名字 并等待	回答
功能	(1) 舞台或角色提问问题并等待键盘输入。 (2) 将键盘输入值存储在"答案"中	传回提问问题后，从键盘输入的答案
范例 3-3-3	按下 q 键，提问："你叫什么名字？"并等待 当按下 q▼ 询问 你叫什么名字 并等待	输入："大卫"， 答案显示为"大卫" 大卫 ✓

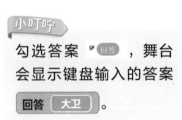

小叮咛

勾选答案 ☞回答 ，舞台会显示键盘输入的答案

回答 大卫 。

3 侦测鼠标或键盘

侦测输入	A. 侦测键盘输入	B. 侦测鼠标键
积木	按键 空格键▼ 是否按下？	鼠标键被按下了吗？
功能	如果从键盘输入"特定键"，就传回"真"值。键盘输入键值包括 0 ~ 9、A ~ Z、箭头键或空格键	如果单击鼠标，就传回"真"值
范例 3-3-4 3-3-5	按下空格键则隐藏角色，否则显示	单击鼠标则隐藏角色，否则显示

4 侦测多媒体

　　mBlock 侦测多媒体装置的功能包括侦测网络摄像头的视频画面及话筒音量值。

● 设定视频

执行指令	A. 设定视频		
积木	将摄像头 开启▼		
功能	打开、关闭或翻转视频		
范例 3-3-6	按下 1 键，打开视频 当按下 1▼ 将摄像头 开启▼	按下 2 键，关闭视频 当按下 2▼ 将摄像头 关闭▼	按下 3 键，将视频左右翻转 当按下 3▼ 将摄像头 左右翻转▼

执行指令	B. 设定透明度
积木	将视频透明度设置为 50 %
功能	设定视频透明度，值为 0 ~ 100 （0：舞台显示完整、清晰的视频影像，100：舞台视频影像完全透明）
范例 3-3-7	(1) 提问："输入视频透明度"。 (2) 依输入的答案，设定视频透明度 当 被点击 询问 输入视频透明度 并等待 将视频透明度设置为 回答 %

小叮咛

设定视频前要先检查网络摄像头是否设定完成并打开。

● 传回视频及音量值

侦测值	A. 传回视频侦测值
积木	视频侦测 动作▼ 在 角色▼ 上
功能	传回目前角色或舞台的视频动作量或方向
范例 3-3-8	单击绿旗， 角色站在舞台中央，面向右边。 打开视频后，随着视频方向旋转 当 被点击 面向 90▼ 方向 移到 x: -11 y: -1 重复执行 面向 视频侦测 方向▼ 在 角色▼ 上 方向

侦测值	B. 传回话筒侦测值
积木	响度
功能	传回话筒的音量值，音量值为 0 ~ 100
范例 3-3-9	角色在舞台的高度位置随着话筒音量值改变 当 被点击 将y坐标设定为 响度

小叮咛

侦测音量值前，要先检查话筒是否设定完成并打开。

5 传回侦测值

侦测值	A. 传回角色侦测值	
积木	到 ▾ 的距离	获取 x坐标 ▾ 属于 M-Panda ▾
功能	传回"角色与角色""角色与鼠标指针""角色到水平、垂直或舞台任意位置"的距离	传回角色或舞台的 x 坐标值、y 坐标值、方向、造型编号、造型名称、大小或音量
范例 3-3-10	角色显示在舞台中,当鼠标指针靠近角色,距离小于 30 时,隐藏角色 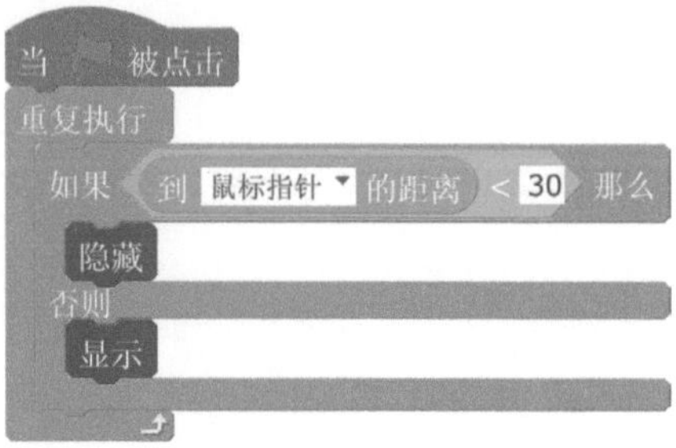	

（范例程序积木图示）

侦测值	B. 传回鼠标指针侦测值	
积木	鼠标的x坐标	鼠标的y坐标
功能	传回鼠标指针的 x 坐标	传回鼠标指针的 y 坐标
范例 3-3-11	角色随着鼠标指针左右移动 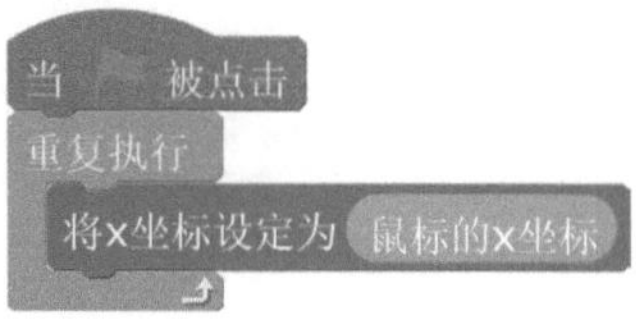	

（范例程序积木图示）

侦测值	C. 传回计时器信息	
积木	计时器	计时器归零
功能	传回计时器的秒数	计时器归零
范例 3-3-12	(1) 单击绿旗，程序开始执行，将定时器归零。 (2) 角色从舞台中央往右移动。 (3) 如果走到舞台边缘，在停止执行程序前，先说计时器侦测的时间	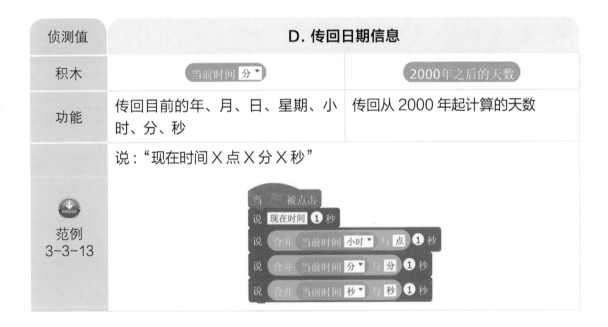

侦测值	D. 传回日期信息	
积木	当前时间 分	2000年之后的天数
功能	传回目前的年、月、日、星期、小时、分、秒	传回从 2000 年起计算的天数
范例 3-3-13	说："现在时间 X 点 X 分 X 秒"	

81

3-4　动力电机扫街车程序设计

动力电机扫街车不停地在清扫马路上的东西，并且播放《致爱丽斯》的音乐。马路上的东西若隐若现，如果碰到动力电机扫街车，则广播消息给机器人。机器人接收到消息则前进、后退、左转、右转各一次。

脚本规划

舞　台	角　色	动画情境
route66	扫街车 Street Cl...	扫街车重复在马路上清扫
	水果沙拉 Fruit Salad	1. 水果色拉不停重复随机若隐若现。 2. 如果水果色拉碰到扫街车，"广播消息"给 mBot 机器人
	mBot	mBot 机器人接收到广播消息后，开始"前、后、左、右"移动

3-5　自动播放声音

按绿旗开始执行时，自动播放《致爱丽斯》的音乐。

1　新增舞台背景与角色

新增 "route66" 舞台背景、 "扫街车"及 "水果沙拉"角色。

（1）单击【文件】→【新建项目】。

（2）在舞台背景中，单击【选择背景】→【route66】，并单击【确认】。

（3）单击"背景1"，单击【 删除空白背景】。

（4）在 M-Panda 上右键单击，选择【删除】。

（5）在新建角色中，单击【 从角色库中选取角色】。

（6）选择【运输工具】中的"Street Cleaner"，并单击【确认】。

（7）仿照上述步骤，新建角色"Fruit Salad"。

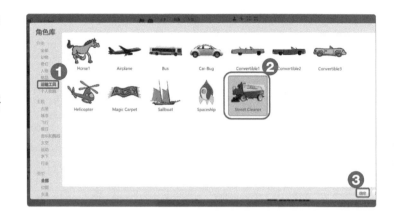

（8）单击【　缩小】，在舞台角色上连续单击，缩小角色。

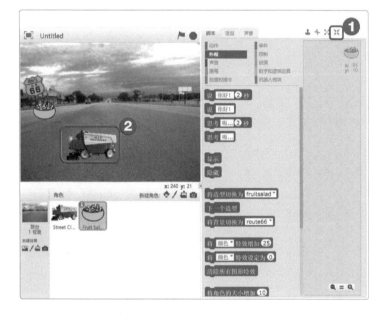

2　自动播放《致爱丽斯》

拖曳右图所示积木，单击绿旗，检查是否自动播放《致爱丽斯》。

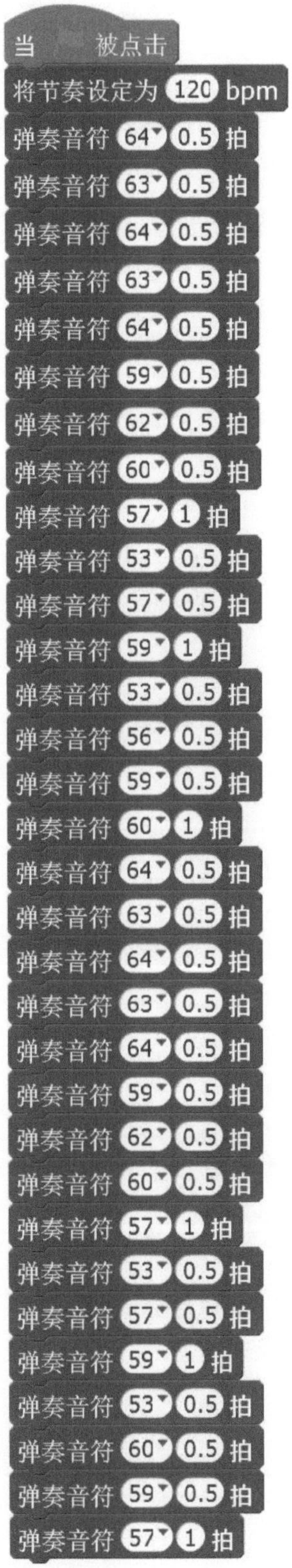

当 　 被点击

将节奏设定为 120 bpm

弹奏音符 64▼ 0.5 拍
弹奏音符 63▼ 0.5 拍
弹奏音符 64▼ 0.5 拍
弹奏音符 63▼ 0.5 拍
弹奏音符 64▼ 0.5 拍
弹奏音符 59▼ 0.5 拍
弹奏音符 62▼ 0.5 拍
弹奏音符 60▼ 0.5 拍
弹奏音符 57▼ 1 拍
弹奏音符 53▼ 0.5 拍
弹奏音符 57▼ 0.5 拍
弹奏音符 59▼ 1 拍
弹奏音符 53▼ 0.5 拍
弹奏音符 56▼ 0.5 拍
弹奏音符 59▼ 0.5 拍
弹奏音符 60▼ 1 拍
弹奏音符 64▼ 0.5 拍
弹奏音符 63▼ 0.5 拍
弹奏音符 64▼ 0.5 拍
弹奏音符 63▼ 0.5 拍
弹奏音符 64▼ 0.5 拍
弹奏音符 59▼ 0.5 拍
弹奏音符 62▼ 0.5 拍
弹奏音符 60▼ 0.5 拍
弹奏音符 57▼ 1 拍
弹奏音符 53▼ 0.5 拍
弹奏音符 57▼ 0.5 拍
弹奏音符 59▼ 1 拍
弹奏音符 53▼ 0.5 拍
弹奏音符 60▼ 0.5 拍
弹奏音符 59▼ 0.5 拍
弹奏音符 57▼ 1 拍

3-6　定时重复移动

动力电机扫街车不停地在马路上移动。

1　扫街车执行流程

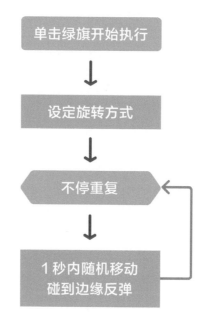

2　扫街车定时重复移动

点选  "扫街车"，拖曳下图所示积木到程序区。

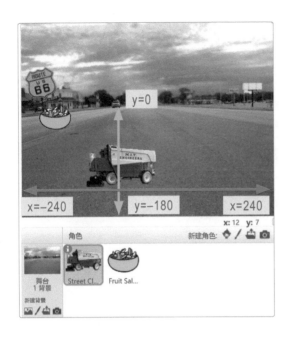

说明

☆ 扫街车1s内在舞台下方 (-180 < y < 0) 的高度，不停重复左右 (-240 < x < 240) 移动。

☆ 增加速度：

减少秒数，0.5 ~ 1s。

☆ 减慢速度：

增加秒数，1 ~ 2s。

3 角色显示与隐藏

马路上的东西若隐若现。

点选 "水果色拉" 角色，拖曳下图所示积木到程序区。

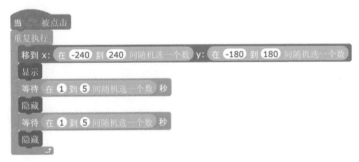

说明

☆ 水果色拉在舞台随机位置 (-180 < y < 180，-240 < x < 240) 显示。

☆ 等待1 ~ 5s后隐藏。

☆ 再等待1 ~ 5s后显示。

3-7　侦测水果色拉是否碰到扫街车

马路上的"水果色拉"如果"碰到扫街车",则广播消息给机器人。

1　侦测水果色拉是否碰到扫街车的执行流程

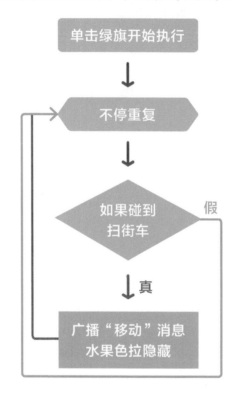

2　侦测水果色拉是否碰到扫街车

(1)单击 "水果沙拉"角色。

(2)拖曳积木到程序区。

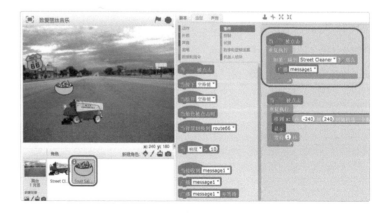

（3）在"广播"中单击
【新消息】。

（4）输入"移动"，并
单击【确定】。

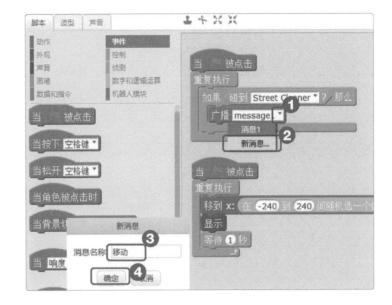

（5）拖曳 等待 1 秒 隐藏 。

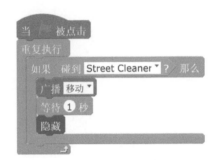

说明

让角色广播后等待
1s再隐藏。

（6）在 Fruit Salad "水果色
拉"上右键单击，选择
【复制】多个水果沙拉。

3-8 机器人移动

机器人接收到"移动"广播消息后，则前进、后退、左转、右转各 0.1s。

1　mBot 机器人执行流程

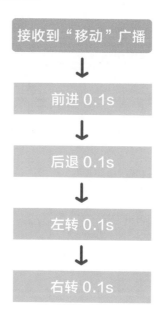

2　机器人前后左右移动

（1）连接计算机与 mBot 机器人的 USB 接口。

（2）单击【连接】的【串口】，并勾选【COM4】。

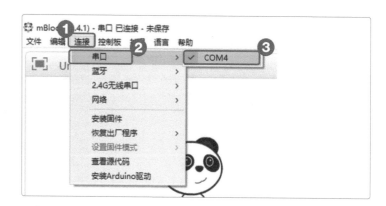

（3）机器人积木可以编写在任何角色中。

（4）拖曳右图所示积木。

（5）单击【文件】，另存为"ch3.sb2"。

说明

☆机器人接收到广播。

☆前进0.1s后停止（转速为0）。

☆后退0.1s后停止（转速为0）。

☆左转0.1s后停止（转速为0）。

☆右转0.1s后停止（转速为0）。

小叮咛

机器人前进0.1s后不会自动停止，必须搭配"转速为0"才能停止。"转速为0"可以写在前进、后退、左转或右转每个动作之后或最后一行。

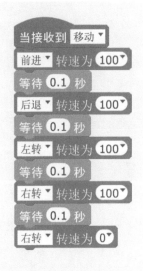

第3章 实力评测

单选题

( ) 1. 下列哪个积木无法让机器人停止?

    (A) 右转▾ 转速为 0▾   (B) 右转▾ 转速为 50▾

    (C) 左转▾ 转速为 0▾   (D) 前进▾ 转速为 0▾

( ) 2. 下列哪个积木无法开始执行程序?

    (A) 当按下 空格键▾   (B) 当角色被点击时

    (C) 当 🏳 被点击   (D) 前进▾ 转速为 100▾

( ) 3. 若想设计让程序播放音效应该使用哪个积木?

    (A) 弹奏音符 60▾ 0.5 拍   (B) 休息 0.25 拍

    (C) 将音量改变 -10   (D) 节奏

( ) 4. 下列哪个积木不属于侦测类别?

    (A) 碰到 ▾ ?   (B) 计时器

    (C) 移动 10 步   (D) 到 ▾ 的距离

( ) 5. 若想设计让角色接收到"广播消息"后开始执行程序,应使用下列哪个积木?

    (A) 当我接收到 message1▾   (B) 广播 message1▾

    (C) 广播 message1▾ 并等待   (D) 当角色被点击时

( ) 6. 若想设计扫街车在"舞台下方"不停重复移动,舞台 y 坐标应如何设定?

    (A) y 介于 0 ~ 180

    (B) y 介于 -180 ~ 0

    (C) x 介于 0 ~ 240

    (D) x 介于 -240 ~ 0

(　　) 7. 下列关于电机的叙述，哪个有误？

　　　　(A) 机器人有 M1 与 M2 两个电机

　　　　(B) 两个电机可以同时转动或分开转动

　　　　(C) 前进▾ 转速为 100▾ 积木可以让电机前进

　　　　(D) 电机端口可以随便接

(　　) 8. 下列哪个积木可以让角色在舞台中隐藏？

　　　　(A) 显示 　(B) 将 颜色▾ 特效改变 25 　(C) 隐藏 　(D) 将造型设定为 造型1

(　　) 9. 下列关于机器人的叙述，哪个有误？

　　　　(A) 固件更新完成后，mBot 主程序显示红灯

　　　　(B) 如果要恢复原厂默认值，需使用 USB 连接

　　　　(C) 机器人的电机提供动力让 mBot 前进

　　　　(D) 机器人需连接计算机 USB 端口、蓝牙或 2.4GHz 无线才能执行 mBlock
　　　　　　 程序

(　　)10. 下列哪个积木无法传回侦测值？

　　　　(A) 鼠标的y坐标 　(B) 将音量设定为 100 % 　(C) 音量值 　(D) 目前的 分钟▾

实作题

1. 请利用 声音 声音积木 播放声音 pop▾ ，让"扫街车碰到水果色拉"时播放音效，
　 再让机器人移动。（ 💡 提示：单击 音效 ，新增声音。）

2. 请调整机器人的"车速"，让它的移动速度更快。（ 💡 提示： 前进▾ 转速为 0▾ 。）

4 算术发声 与闪烁 LED 光的机器人

本章将设计计算机随机出题两个数 A 和 B，让使用者计算结果。如果答对了，机器人发出"哔"声 A+B 次，并闪烁 LED 灯光；如果答错了，机器人发出答错的音效。

学习目标

1. 认识 LED 灯与 LED mBlock 积木
2. 认识蜂鸣器与蜂鸣器 mBlock 积木
3. 理解运算、外观、数据和指令积木
4. 设计算术与发 LED 光的机器人程序
5. 提问出题与判断答案
6. 让机器人蜂鸣器发出音调并闪烁 LED 灯

4-1　LED 灯与 "LED" mBlock 积木

4-2　蜂鸣器与 "蜂鸣器" mBlock 积木

4-3　"运算" 积木

4-4　"外观" 积木

4-5　"数据和指令" 积木

4-6　算术发声与闪烁 LED 光的机器人程序设计

4-7　出题提问与答案判断

4-8　机器人播放音调及 LED 程序设计

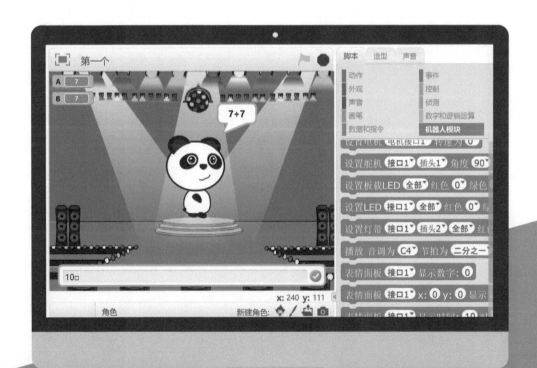

4-1 LED 灯与"LED"mBlock 积木

1 LED 灯

板载 LED 灯的主要功能是提供红、绿、蓝等不同颜色的 LED 灯,分成板载 LED1、LED2。LED1 与 LED2 在 mCore 主板的位置如图 4-1 所示。

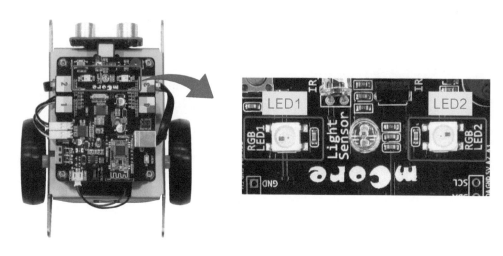

⬆ 图 4-1 RGB LED 灯的位置

2 LED 灯 mBlock 积木

板载 LED 灯分成 LED1、LED2,两个 LED 可以分别设定开、关与颜色,且 LED 灯除了板载的,还可以在机器人的 1 ~ 4 端口外接扩充彩色 LED 灯。

积木	功能	说明
设置板载LED 全部 红色 绿色 蓝色 全部 1 0 0 0 2 20 20 20 3 60 60 60 4 150 150 150 5 255 255 255	设定板载 LED 灯的颜色或外接 LED 灯的颜色	板载:mCore 主板 LED 灯或外接 LED 灯。 全部:LED1 与 LED2;1:LED1;2:LED2。 LED 灯的亮度:0、20、60、150、255。 关闭:红色 0、绿色 0、蓝色 0

LED1	LED2
设置板载LED **1▾** 红色 **0▾** 绿色 **0▾** 蓝色 **0▾**	设置板载LED **2▾** 红色 **0▾** 绿色 **0▾** 蓝色 **0▾**
LED 灯参数：1	LED 灯参数：2

红色	绿色
设置板载LED **全部▾** 红色 **20▾** 绿色 **0▾** 蓝色 **0▾**	设置板载LED **全部▾** 红色 **0▾** 绿色 **20▾** 蓝色 **0▾**
LED1 与 LED2：亮红色 LED 灯	LED1 与 LED2：亮绿色 LED 灯

蓝色	关闭 LED 灯
设置板载LED **全部▾** 红色 **0▾** 绿色 **0▾** 蓝色 **20▾**	设置板载LED **全部▾** 红色 **0▾** 绿色 **0▾** 蓝色 **0▾**
LED1 与 LED2：亮蓝色 LED 灯	LED1 与 LED2：红色 0、绿色 0、蓝色 0

小试身手 1

机器人 LED 闪烁（ ⬇ 范例 4-1-1）

1. 设置板载LED **1▾** 红色 **150▾** 绿色 **0▾** 蓝色 **0▾** 快按两下积木，并填入结果。

   执行结果：＿＿＿＿＿＿＿＿＿

2. 设置板载LED **1▾** 红色 **0▾** 绿色 **0▾** 蓝色 **0▾** 快按两下积木，并填入结果。

   执行结果：＿＿＿＿＿＿＿＿＿

3. 设置板载LED **2▾** 红色 **0▾** 绿色 **0▾** 蓝色 **150▾** 快按两下积木，并填入结果。

   执行结果：＿＿＿＿＿＿＿＿＿

注： LED1 与 LED2 的位置及板载参数会随着 mBot 机器人及 mBlock 积木版本的不同而有所差异，建议快按两下积木测试。

4-2 蜂鸣器与"蜂鸣器"mBlock 积木

1 认识蜂鸣器

蜂鸣器(见图 4-2)的主要功能是播放音调,音调范围为 C2~C8,总共 7 种音阶,主要音调与音符对照表见表 4-1。

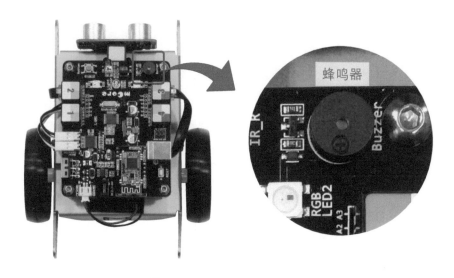

↑ 图 4-2　蜂鸣器的位置

↓ 表 4-1　音调与音符对照表

音调	C	D	E	F	G	A	B
音符	Do	Re	Mi	Fa	So	La	Si
音阶	C2、C3、C4、C5、C6、C7、C8	D2、D3、D4、D5、D6、D7、D8	E2、E3、E4、E5、E6、E7	F2、F3、F4、F5、F6、F7	G2、G3、G4、G5、G6、G7	A2、A3、A4、A5、A6、A7	B2、B3、B4、B5、B6、B7

C2、C3……C8 中的 C 皆代表 Do 音符,数字 2 ~ 8 代表音阶高低。

2 认识蜂鸣器音调积木

蜂鸣器 mBlock 积木 `播放 音调为 C4 节拍为 二分之一` 的功能是驱动蜂鸣器播放音调，音调与音符对照表见表 4-2。

积木	功能	说明
播放 音调为 C4 节拍为 一分之一 C2 / D2 / E2 / F2 / G2 / A2 / B2 / C3 / D3 二分之一 / 四分之一 / 八分之一 / 整拍 / 双拍	播放音调	节拍：二分之一、四分之一、八分之一、整拍、双拍
停止播放	停止播放音效	停止播放

⬇ 表 4-2　中音阶音调与音符对照表

音调	C4	D4	E4	F4	G4	A4	B4
音符	Do	Re	Mi	Fa	So	La	Si

小试身手 2

机器人会唱歌（ 🔽 范例 4-2-1 ）

当按下 空格键
播放 音调为 C4 节拍为 二分之一
播放 音调为 D4 节拍为 二分之一

1. 拖曳积木 `播放 音调为 E4 节拍为 二分之一` 。

播放 音调为 F4 节拍为 整拍
播放 音调为 G4 节拍为 双拍
播放 音调为 A4 节拍为 整拍

2. 聆听蜂鸣器的音符及节拍，哪一个音调没有播放？

执行结果：＿＿＿＿＿＿＿＿＿＿＿＿

4-3 "运算"积木

运算 积木的主要功能是传回算术运算、关系运算与逻辑运算与字符串运算的结果。

1 算术运算

算术运算的主要功能是针对数字计算结果。算术运算的功能包括：加、减、乘、除、四舍五入、平方根、指数、对数、三角函数或随机选一个数等。

算术运算	A. 加	B. 减	C. 乘	D. 除
积木	(+)	(-)	(*)	(/)
功能	将两数相加。	第 1 个数减第 2 个数	将两数相乘	第 1 个数除以第 2 个数
范例 4-3-1	(1 + 1)	(2 - 1)	(8 * 7)	(56 / 7)
结果				

注：快按两下范例积木，并填入结果。

算术运算	E. 四舍五入	F. 余数	G. 平方根
积木	将 ● 四舍五入	● 除以 ● 的余数	平方根 ▼ 9
功能	传回四舍五入的值	传回第 1 个数除以第 2 个数的余数	传回函数运算的结果。函数运算包括：绝对值、地板、天花板、平方根、三角函数、指数与对数
范例 4-3-2	将 9.9 四舍五入	9 除以 2 的余数	说 平方根 ▼ 9
结果			

注：快按两下范例积木，并填入结果。

算术运算	H. 随机选一个数
积木	在 ① 到 ⑩ 间随机选一个数
功能	在第 1 个数（1）到第 2 个数（10）之间随机选一个数
范例 4-3-3	当按下 空格键▼ 说 在 ① 到 ㊙ 间随机选一个数
结果	

注：在范例积木上按空格键，并填入结果。

2 关系运算

关系运算主要功能是传回"小于"、"等于"或"大于"的比较结果，结果分为：真（True）与假（False）。

关系运算	小于	等于	大于
积木	◀ < ▶	◀ = ▶	◀ > ▶
功能	如果第 1 个数小于第 2 个数，传回"真"（True）值	如果第 1 个数等于第 2 个数，传回"真"（True）值	如果第 1 个数大于第 2 个数，传回"真"（True）值
范例 4-3-4	◀ 1 < 2 ▶	◀ 1 = 2 ▶	◀ 2 > 1 ▶
结果			

注：快按两下范例积木，并填入结果。

3　逻辑运算

逻辑运算的主要功能是传回条件的逻辑判断结果。条件的逻辑判断分为："同时为真"、"其中一个为真"或"不成立"，结果分为：真（True）与假（False）。

逻辑运算	且（同时为真）	或（其中一个为真）	不成立
积木	且	或	不成立
功能	如果第 1 个条件与第 2 个条件皆为"真"，传回"真"（True）值	如果第 1 个条件或第 2 个条件为"真"，传回"真"（True）值	如果条件为"假"，传回"真"（True）值
范例 4-3-5	1 < 2 且 1 = 1	2 < 1 或 1 = 1	1 < 2 不成立
结果			

注：快按两下范例积木，并填入结果。

4　字符串运算

字符串运算的主要功能是将两个字符串合并、传回字符串的长度与传回字符串的第 *n* 个字符。

字符串运算	合并	计算字符串的长度	传回第 *n* 个字符
积木	合并 hello 与 world	world 的长度	第 1 个字符：world
功能	合并第 1 个（hello）与第 2 个（world）字符串	传回字符串（world）的长度	传回字符串（world）的特定（第 1 个）字符
范例 4-3-6	合并 hello 与 mBot	我爱mBot 的长度	第 3 个字符 我爱mBot
结果			

注：快按两下范例积木，并填入结果。

4-4 "外观"积木

外观 积木的主要功能是在对话中说"文字"，改变大小或特效，设定角色造型或舞台背景、特效与传回角色外观。

1 对话

对话的主要功能是说或思考"文字"n 秒，或显示说或思考的内容。

执行指令	说	思考
积木	说 你好! 2 秒 说 你好!	思考 呃... 2 秒 思考 呃...
功能	说"文字"2 秒 说"文字"	思考"文字"2 秒 思考"文字"
范例 4-4-1	说 我爱mBot 2 秒	思考 我爱mBot
结果		

注：快按两下范例积木，并填入结果。

2 改变大小或特效

● 改变大小或特效

改变大小或特效积木会让角色随着程序积木的执行而改变大小或特效。

执行指令	改变大小	改变特效
积木	将角色的大小增加 10	将 颜色 特效增加 25
功能	改变角色大小（正数：放大；负数：缩小）	改变角色的图形特效，包括：颜色、鱼眼、旋转、像素滤镜、马赛克、亮度或鬼
范例 4-4-2 4-4-3	按↑角色放大 按↓角色缩小	按↑角色颜色改变 按↓角色鱼眼特效

● 颜色特效

将 颜色 ▼ 特效增加 25 　颜色特效积木内建颜色、鱼眼、旋转、像素滤镜、马赛克、亮度、鬼 7 种特效。

颜色	鱼眼	旋转	像素滤镜	马赛克	亮度	鬼

3　设定造型或特效

改变角色的大小或特效之后，必须使用"清除所有图形特效"或"设定特效值为 0"还原角色特效，或者设定特定参数值固定角色特效。

● 还原特效

执行指令	清除所有特效	还原特定特效
积木	清除所有图形特效	将 颜色 ▼ 特效设定为 0
功能	清除所有图形特效	设定角色颜色（或鱼眼、旋转、像素滤镜、马赛克、亮度、鬼）特效。参数值 0 表示还原预设颜色
范例 4-4-3	单击绿旗，清除所有特效 当 🚩 被点击 清除所有图形特效	单击绿旗，还原颜色特效 当 🚩 被点击 将 颜色 ▼ 特效设定为 0

● 设定造型或特效

设定舞台背景、角色造型、大小或特效积木，会让舞台背景或角色造型及特效固定，不会随着程序的执行而改变。

执行指令	设定造型或背景		
积木	将造型切换为 造型1▼	下一个造型	将背景切换为 背景1▼
功能	设定造型	从角色造型栏切换下一个造型	设定背景
范例 4-4-6	单击绿旗，将角色造型设定为 Panda-b 当 被点击 将造型切换为 Panda-b▼		

执行指令	设定大小
积木	将角色的大小设定为 100
功能	将角色大小设定为原始大小的百分比
范例 4-4-2	单击绿旗，还原角色大小（100%） 当 被点击 将角色的大小设定为 100

执行指令	设定特效
积木	将 颜色▼ 特效设定为 0
功能	(1) 设定角色颜色（或鱼眼、旋转、像素滤镜、马赛克、亮度、鬼）特效。 (2) 参数值范围：− 100 ～ 0 ～ 100。 (3) 参数值 0 表示：还原预设颜色
范例 4-4-5	按下空格键，设定角色鬼特效，参考为 100（变透明） 当按下 空格键▼ 将 鬼▼ 特效设定为 100

● 设定图层

设定图层可以让舞台上多个角色显示在最上层或往回走 *n* 层、显示或隐藏。

图层	移到最上层	往回走 *n* 层	显示或隐藏
积木	移至最上层	下移 ❶ 层	显示　隐藏
功能	将角色移到其他角色的最上层	将角色移到其他角色的下 *n* 层	角色显示在舞台 / 角色在舞台隐藏
范例 4-4-4 4-4-7	单击绿旗，角色移到最上层（角色在车子上方） 当　被点击 移至最上层	按空格键，角色下移一层（角色在车子下方） 当按下 空格键▼ 下移 ❶ 层	单击绿旗，角色显示；按空格键，角色隐藏 当　被点击 显示 当按下 空格键▼ 隐藏

4　传回外观值

传回外观值会传回与目前角色或舞台外观相关的造型编号、背景名称或与角色大小相关的参数值。

传回值	造型编号	背景名称	角色大小
积木	造型编号	背景名称	大小
功能	（1）传回目前角色的造型编号。 （2）在舞台上显示或隐藏目前角色的造型编号。 （3）☑ 造型编号 勾选，在舞台上显示。 （4）☐ 造型编号 取消勾选，在舞台上隐藏	（1）传回目前舞台的背景名称。 （2）在舞台上显示或隐藏目前的背景名称。 （3）☑ 背景名称 勾选，在舞台上显示。 （4）☐ 背景名称 取消勾选，在舞台上隐藏	（1）传回目前角色的大小是原始大小的百分比。 （2）在舞台上显示或隐藏目前角色的大小。 （3）☑ 大小 勾选，在舞台上显示。 （4）☐ 大小 取消勾选，在舞台上隐藏

在舞台上显示目前角色的造型编号	在舞台上显示目前的背景名称	在舞台上显示目前角色的大小

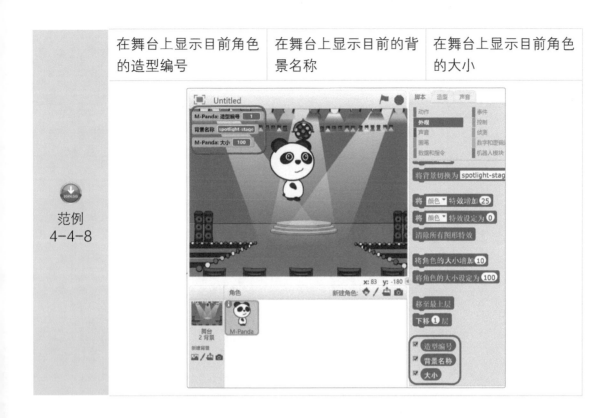

范例
4-4-8

4-5 "数据和指令"积木

数据和指令 积木的主要功能是产生一个变量、链表，或定义积木功能。变量或链表新建成功之后才会产生相关功能的积木。

1 做一个变量

变量数据的内容会随着程序的执行而改变。例如：做一个"倒计时"变量，变量新建成功之后，倒计时相关功能积木便会产生。

执行指令	A. 传回变量值	B. 显示变量	C. 隐藏变量
积木	倒计时	显示变量 倒计时 ▼	隐藏变量 倒计时 ▼
功能	传回倒计时变量值	在舞台上显示倒计时的变量值	在舞台上隐藏倒计时的变量值

执行指令	D. 改变变量值	E. 设定变量值
积木	将变量 倒计时 的值增加 1	将 倒计时 设定为 0
功能	改变倒计时变量值。 正数：增加。 负数：减少	设定倒计时变量值
范例 4-5-1	倒计时 60s 当　被点击　　　　　←—— 单击绿旗 显示变量 倒计时　　　←—— 在舞台上显示倒计时变量 将变量 倒计时 的值增加 60　←—— 将倒计时设定为 60 重复执行 60 次　　　←—— 重复执行 60 次 　等待 1 秒　　　　←—— 等待 1s 　将变量 倒计时 的值增加 -1　←—— 将倒计时变量 -1	

2　做一个链表

链表是一项内容不固定的数据表单，链表会随着指令积木的执行而改变，同时可针对链表中的数据进行增加、修改、删除或编辑等操作。例如：做一个链表"得分王"，记录每次游戏的变量"得分"，链表产生成功之后，Scratch 会自动产生链表相关功能的指令积木。

● 编辑链表

编辑链表中的数据功能包括：新增数据到链表、删除链表中的数据、替换链表中的数据或插入数据到链表中。

链表	新增数据	删除数据
积木	将 thing 加到链表 得分王 末尾	删除第 1 项，从链表：得分王
功能	将数据加到"得分王"链表，加入的数据会依照顺序由上往下排列	将"得分王"链表的第 1 个（最后一个或全部）数据删除

单击绿旗，清除所有"得分王"记录。

按空格键，将变量"得分"加到"得分王"链表中

范例
4-5-2

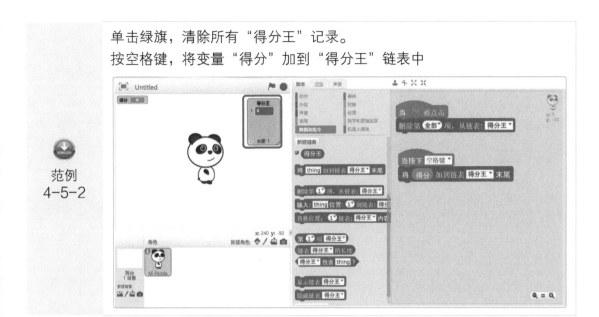

链表	插入数据	替换数据
积木	插入: thing 位置: 1▼ 到链表: 得分王▼	替换位置: 1▼ 链表: 得分王▼ 内容: thing
功能	将数据插入"得分王"链表的第1个（最后一个或随机）数据项	将"得分王"链表的第1个（最后一个或随机）数据项替换为数据"thing"

范例
4-5-3

(1) 延续范例 4-5-2，将变量 "得分" 加到 "得分王" 链表。
(2) 将 100 插入 "得分王" 链表的最后一个位置。
(3) 将 "得分王" 链表的第一个数据项替换为 99

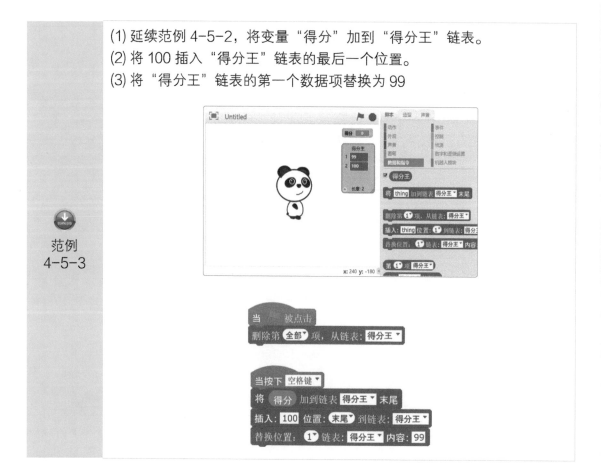

● 传回链表值

链表	传回链表值	传回第 n 个链表值
积木	得分王	第 1▾ 项 得分王▾
功能	传回"得分王"链表的数据值	传回"得分王"链表的第 1 个(最后一个或随机)数据项内容

链表	传回链表是否包含特定值		传回链表数据个数
积木	◁ 得分王▾ 包含 thing ?		链表 得分王▾ 的长度
功能	传回"得分王"链表中是否包含数据"thing",包含数据"thing"传回"真",不包含数据"thing"传回"假"		传回"得分王"链表的长度,亦即"得分王"链表的数据项个数
范例 4-5-4	(1) 延续范例 4-5-3。 (2) 按下 a,说"得分王"的第一个数据值 当按下 a▾ 思考 第 1▾ 项 得分王▾	(3) 按下 b,说"得分王"的长度(总共有几个数据) 当按下 b▾ 思考 链表 得分王▾ 的长度	(4) 按下 c,传回"得分王"是否包含 99 这个数据 当按下 c▾ 思考 得分王▾ 包含 99 ?
结果			

注:快按两下范例积木,并填入结果。

● 显示或隐藏链表

链表	显示链表	隐藏链表
积木	显示链表 得分王▾	隐藏链表 得分王▾
功能	在舞台上显示"得分王"链表	在舞台上隐藏"得分王"链表
范例 4-5-5	单击绿旗,在舞台上显示"得分王"链表 当 ▨ 被点击 显示链表 得分王▾	按空格键,在舞台上隐藏"得分王"链表 当按下 空格键▾ 隐藏链表 得分王▾

4-6　算术发声与闪烁 LED 光的机器人程序设计

设计算术发声与闪烁 LED 光的机器人程序，首先让计算机随机给出两个数 A 和 B，让使用者计算 A+B 的结果。如果答对了，机器人发出"哔"声 A+B 次，并闪烁 LED 灯光；如果答错了，机器人发出答错的音效。

脚本规划

舞　台	角　色	动画情境
spotlight-stage	M-Panda	1. 计算机给出让玩家计算加法的数学。 2. 设定变量 A(与 B)，在 1~10 随机取一个整数。 3. 提问问题 "A+B"，等待使用者输入答案。 4. 如果 "输入答案" = "A+B" 为正确答案。 　4.1 说："我会发出 A+B 声"，并闪烁 LED 灯。 　4.2 广播 "答对" 给 mBot 机器人。 5. 否则，如果 "输入答案" 错误。 　5.1 说："不对喔！再想想"。 　5.2 广播 "答错" 给 mBot 机器人
	mBot	答对： 1. mBot 机器人接收到 "答对" 广播。 2. mBot 机器人显示红、绿、蓝 LED 灯，并发出答案次数的 "哔" 声
		答错： 1. mBot 机器人接收到 "答错" 广播。 2. mBot 机器人发出 So、So、So、Re 音效

4-7 出题提问与答案判断

1 M-Panda 出题与判断答案执行流程

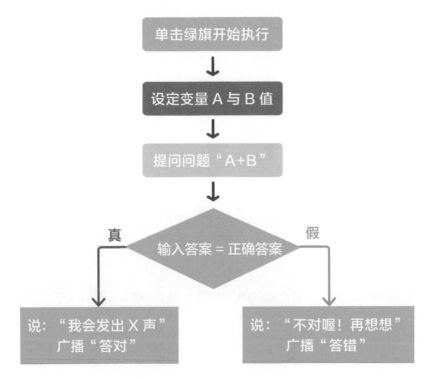

2　变量设定随机值

做一个变量 A 与 B，并设定变量 A 与 B 的值为 1 ～ 10 中的随机一个整数。

● 做一个变量

做一个变量 A 与 B。

（1）单击【文件】的【新建项目】。

（2）在舞台背景中，单击【 ▨ 选择背景】中的"spotlight-stage"，并单击【确定】。

（3）单击"背景 1"，单击【 🖱️删除空白背景】。

（4）单击 数据和指令 ，
单击 新建变量 。

（5）输入"A"，并单击【确定】。

（6）仿照上述步骤，再做一个变量 B。

 设定变量随机值

设定变量 A 与 B 的值为 1 ~ 10 中的随机一个整数。

（7）拖曳

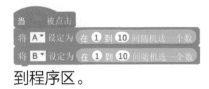

到程序区。

（8）拖曳

到程序区。

（9）单击 🚩，A、B 变量在 1 ~ 10 中随机变化。

3 提问"A+B"

 M-Panda 提问题目"A+B"。

拖曳

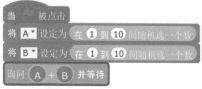

到程序区。

小叮咛

(1) 两个 合并 hello 和 world 重叠合并成 合并 hello 和 合并 hello 和 world，可以合并 3 个字"hello hello world"，再依序填入" A "" + "" B "。

(2) 询问 What's your name? 并等待 提问并等待使用者输入，输入的值会存放在 回答 中。

4 用"如果"判断答案

判断答案，如果答对，说："我会发出 A+B 声"，并闪烁 LED 灯；如果答错，说："不对喔！再想想。"

● 判断答案

判断"用户输入的答案"与"计算机出题的答案"是否相同。

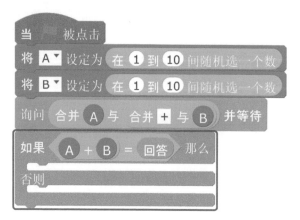

说明

① 键盘输入的答案是 回答。

② 计算机出题的答案是 A + B 的运算结果。

●如果答对或答错

如果答对，说："我会发出 A+B 次声"，闪烁 LED 灯，并广播"答对"。

如果答错，说："不对喔！再想想"，并广播"答错"。

（1）连接计算机与mBot 机器人的 USB 接口。

（2）单击【连接】的【串口】，并勾选【COM4】。

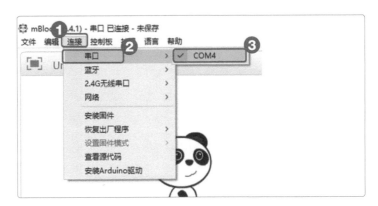

小叮咛

计算机与 mBot 的连接除了用 USB，也可以使用 2.4GHz 无线或蓝牙。

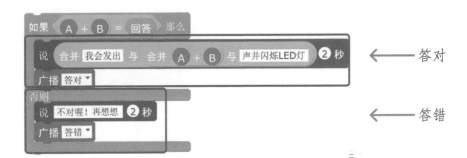

←——— 答对

←——— 答错

4-8　机器人播放音调及 LED 程序设计

1　mBot 机器人执行流程

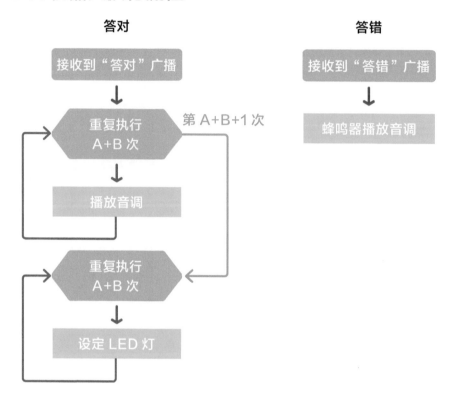

答对

答错

2　机器人播放答对音调

如果答对，机器人播放音调 A+B 次。

（1）拖曳

到程序区。

（2）单击 🚩，输入
"20"，检查机器人是
否发出 20 次 Do。

3　机器人闪烁 LED 灯

如果答对，机器人闪烁 LED 灯 A+B 次。

（1）拖曳

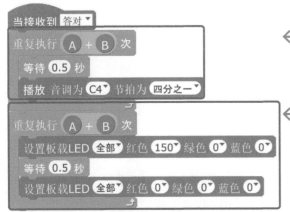

←—— 机器人先播放音调 A+B 次。

←—— 机器人播放音调后，闪烁 LED 灯 0.5s
后关闭 LED 灯，重复执行 A+B 次。

（2）单击 🚩，检查机器人发出音调后是否闪烁 LED 灯相同次数。

4　机器人播放答错音调

如果答错，机器人播放 So、So、So、Re 音调。

（1）拖曳

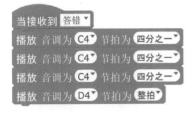

到程序区。

（2）输入错误答案，检
查是否发出音调。

（3）单击【文件】，另
存为"ch4.sb2"。

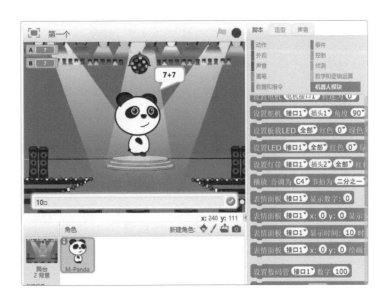

第 4 章 实力评测

单选题

(   ) 1. 若想设计机器人的 LED 功能，应使用下列哪个积木？

     (A) 设置板载LED 左▼ 红色 0▼ 绿色 0▼ 蓝色 0▼

     (B) 设置电机 电机接口1▼ 转速为 0▼

     (C) 表情面板 接口1▼ x: 0 y: 0 显示文字：□

     (D) 右转▼ 转速为 50▼

(   ) 2. 若想让机器人的蜂鸣器播放音调，应使用下列哪个积木？

     (A) 音量传感器 接口3▼   (B) 弹奏音符 60▼ 0.5 拍

     (C) 超声波传感器 接口3▼ 距离   (D) 播放 音调为 C4▼ 节拍为 二分之一▼

(   ) 3. 关于"运算"积木的叙述，下列何者有误？

     (A) (*) 算术运算   (B) (<) 关系运算

     (C) 或 关系运算   (D) 不成立 逻辑运算

(   ) 4. 若想设计"乘法"运算，应使用下列哪个积木？

     (A) (/)   (B) (-)   (C) (*)   (D) (+)。

(   ) 5. 若想设计"提问问题让使用者输入答案"，应使用下列哪个积木？

     (A) 说 你好！   (B) 询问 What's your name? 并等待

     (C) 思考 呃...   (D) 按下 空白键▼ 键了吗？

(   ) 6. 下列哪一组积木能够计算"A+B"的结果？

     (A) 合并 A 和 合并 + 和 B   (B) 答案

     (C) A + B   (D) 说 合并 hello 与 合并 A 与 B 2 秒

(　　) 7. 若想设计"答对或答错"时，执行不同的程序积木，应使用下列哪个控制积木？

(A)  (B) (C) (D)

(　　) 8. 关于右图积木的叙述，何者正确？

(A) 绿旗点一下，播放音调

(B) 广播答对，并播放音调 Do

(C) 接收到答对的广播时，播放音调 A 与音调 B

(D) 接收到答对的广播时，播放 A+B 次音调 Do

(　　) 9. 关于右图积木的叙述，何者正确？

(A) A 与 B 属于清单

(B) 变量 B 的值设定为 1、2、3…，一直到 10，共 10 个

(C) 变量 A 的值会在 1 ~ 10 之间随机选一个数

(D) 清单 A 的值会在 1 ~ 10 之间随机选一个数

(　　)10. 下列哪个积木可以关闭机器人的 LED 灯？

(A) 设置板载LED 右▾ 红色 0▾ 绿色 0▾ 蓝色 0▾

(B) 设置板载LED 全部▾ 红色 0▾ 绿色 20▾ 蓝色 0▾

(C) 设置板载LED 全部▾ 红色 0▾ 绿色 0▾ 蓝色 20▾

(D) 设置板载LED 全部▾ 红色 20▾ 绿色 0▾ 蓝色 0▾

实作题

1. 请设计当输入错误答案时，在播放音调之后，闪烁 3 次红、蓝、绿 LED 灯。

（ 💡 提示： 设置板载LED 全部▾ 红色 0▾ 绿色 20▾ 蓝色 0▾ 。 ）

2. 请利用 播放 音调为 C4▾ 节拍为 二分之一▾ 积木，设计程序开始执行时播放一首歌，例如：小蜜蜂或上课钟声。

5 超声波无人自动车

本章将设计超声波无人自动车，程序开始执行时机器人前进，并侦测机器人与障碍物间的距离，如果机器人与障碍物间的距离小于 40mm，自动后退转弯再重复前进。同时，恐龙在舞台上跟着鼠标指针左右移动，同时要注意避开"闪电"。如果舞台上的恐龙被闪电击到，游戏结束，机器人也停止移动。

学习目标

1. 超声波传感器与超声波 mBlock 积木
2. 设计超声波无人自动车程序
3. 设计角色跟着鼠标指针移动
4. 设计角色重复往下掉落
5. 让机器人自动避开障碍物

5-1 超声波传感器与"超声波"mBlock 积木

5-2 超声波无人自动车程序设计

5-3 恐龙跟着鼠标指针移动

5-4 闪电重复往下掉落

5-5 碰到角色

5-6 碰到边缘

5-7 机器人自动避开障碍物

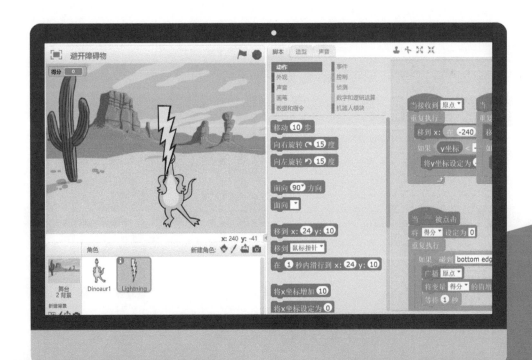

5-1　超声波传感器与"超声波"mBlock 积木

1　超声波传感器

超声波传感器（Ultrasonic Sensor）的主要功能是侦测距离，侦测距离为 3cm~4m，最佳侦测角度在 30° 以内，超声波传感器与 mCore 主板的端口如图 5-1 所示。

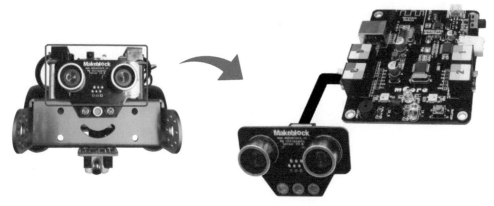

🎧 图 5-1　超声波传感器的连接方法

2　超声波传感器 mBlock 积木

超声波传感器积木的主要功能是传回侦测的距离，如图 5-2 所示。

积木	功能	说明
超声波传感器 接口3▾ 距离	传回端口（1 ~ 4）中超声波传感器的距离侦测值	超声波传感器可以连接在端口 1 ~ 4，但出厂内建程序的默认值为端口 3

🎧 图 5-2　侦测与障碍物之间的距离

小试身手

机器人侦测障碍物距离（ 📥 范例 5-1-1）

（1）检查机器人超声波传感器的端口是否为 3（默认值为端口 3）。

（2）快按两下积木 超声波传感器 接口3▼ 距离 ，并填入侦测距离的结果。

执行结果：端口：＿＿＿＿＿＿＿＿＿＿＿＿＿＿＿＿＿＿＿

距离侦测值：＿＿＿＿＿＿＿＿＿＿＿＿＿＿＿＿

5-2 超声波无人自动车程序设计

本章将设计超声波无人自动车程序，程序开始执行时机器人前进，并侦测机器人与障碍物间的距离，如果机器人与障碍物间的距离小于 40mm，自动后退转弯再重复前进。同时，恐龙在舞台上跟着鼠标指针左右移动，同时要注意避开"闪电"。如果舞台上的恐龙被闪电击到，游戏结束，机器人也停止移动。

脚本规划

舞 台	角 色	动画情境
沙漠	恐龙 Dinosaur1	(1) 恐龙说："你好"。 (2) 恐龙说："使用鼠标左右移动，避开闪电"。 (3) 恐龙说："成功避开闪电得 1 分，碰到闪电游戏结束"。 (4) 恐龙在舞台上跟着鼠标指针左右移动
	闪电 Lightning	(1) 不停重复由上往下掉落。 (2) 如果碰到恐龙，广播"停止"，并停止执行所有程序。 (3) 如果碰到舞台下方边缘，得分加 1，广播"原点"，从舞台上方重新往下掉落
	mBot	(1) 不停重复前进。 (2) 如果超声波传感器侦测到的距离小于 40mm，后退 0.5s，再左转 0.5s。 (3) 当机器人接收到广播"停止"时，前进转速变为 0

5-3　恐龙跟着鼠标指针移动

恐龙跟着鼠标指针左右移动。

1　新建舞台及角色

新建沙漠（desert）舞台、恐龙（Dinosaur1）与闪电（Lightning）角色。

（1）打开 mBlock 程序。

（2）单击【文件】的【新建项目】。

（3）在舞台背景中，单击【 选择背景】中的"desert"，并单击【确定】。

（4）单击"背景1"，单击【删除空白背景】。

（5）在新建角色中，单击【 从角色库中选择角色】。

（6）单击恐龙"Dinosaur1"，并单击【确定】。

（7）接着新建闪电"lightning"角色。

（8）在 M-Panda 上右键单击，选择【删除】。

（9）单击【 ✄ 缩小角色】。

（10）单击恐龙"Dinosaur1"，在 造型 中，单击恐龙"Dinosaur1-d"造型。

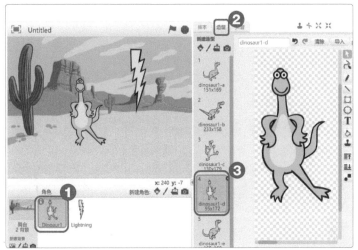

> **小叮咛**
>
> mBlock V3.4.1 版中"Dinoaur1"与"Dinosaur1"都是"Dinosaur1"恐龙。

2 恐龙说

恐龙说："你好""使用鼠标左右移动，避开闪电""成功避开闪电得1分，碰到闪电游戏结束"。

（1）单击  ，

拖曳

到程序区。

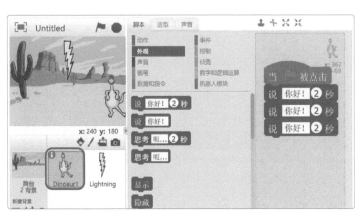

（2）分别输入"你好！""使用鼠标左右移动，避开闪电""成功避开闪电得1分，碰到闪电游戏结束"。

3　恐龙跟着鼠标指针移动的执行流程

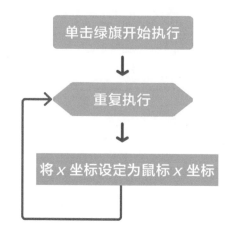

4　恐龙跟着鼠标指针移动

恐龙在说话的同时，跟着鼠标指针左右移动。

（1）拖曳

到程序区。

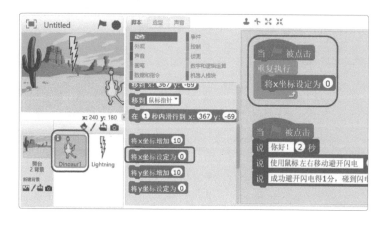

（2）单击 侦测，拖曳 鼠标的x坐标 到 "0" 的位置。

（3）单击 🚩，移动鼠标，角色跟着移动。

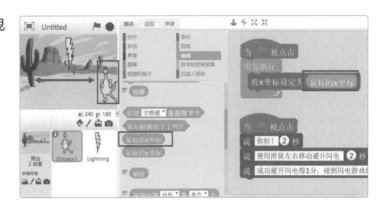

小叮咛

将角色的 x 坐标设定为鼠标的 x 坐标，移动鼠标，角色就跟着鼠标左右移动。

5-4　闪电重复往下掉落

闪电不停重复由上往下掉落。

1　闪电重复往下掉落的执行流程

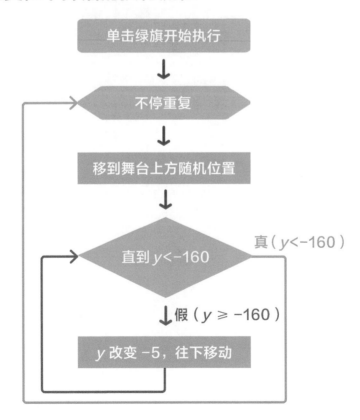

2 条件重复执行

闪电从舞台最上方（y=180）往下移动，直到移到舞台下方（y=−160）后，再重新从舞台最上方往下移动。

（1）单击  闪电，拖曳

到程序区。

（2）单击 🚩，闪电在舞台最上方随机出现。

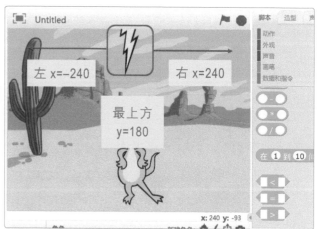

（3）拖曳

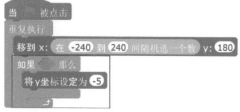

到程序区。

（4）单击 🚩，闪电往下移动。

角色往下移动，y 变成负数，参数值越大，速度越快。

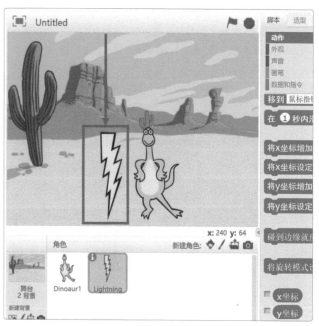

（5）拖曳

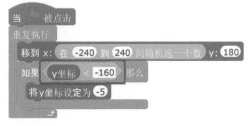

到程序区。

（6）单击 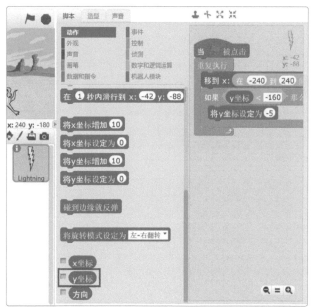，闪电往下移动到
最下方后，再重复由上往下掉
落。

<table>
</table>

5-5　碰到角色

闪电往下掉落，如果碰到恐龙，广播"停止"，并停止执行所有程序。

1　闪电碰到恐龙与舞台下方的执行流程

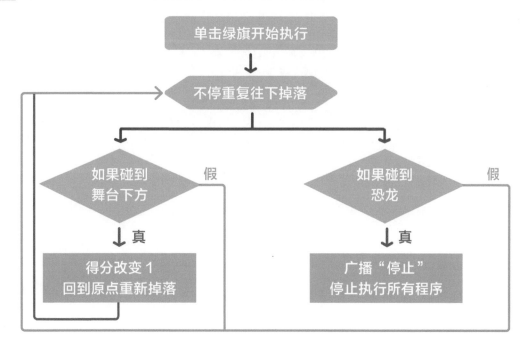

2 闪电碰到恐龙

（1）拖曳

到程序区。

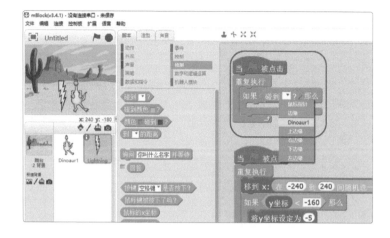

（2）拖曳 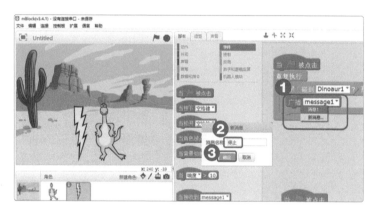 广播 message1，
单击 ▼，选择【新消息】，
输入"停止"，并单击【确
定】。

（3）拖曳

到程序区。

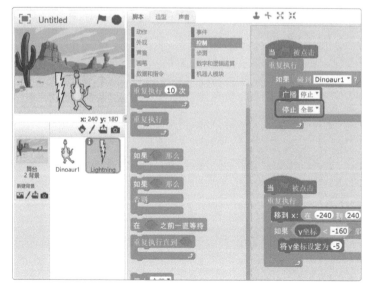

5-6 碰到边缘

闪电往下掉落，如果没有碰到恐龙，碰到舞台下方边缘得分加 1，广播"原点"，从舞台上方重新往下掉落。

1 碰到舞台边缘

闪电碰到舞台下方边缘，广播"原点"。

（1）拖曳

到程序区。

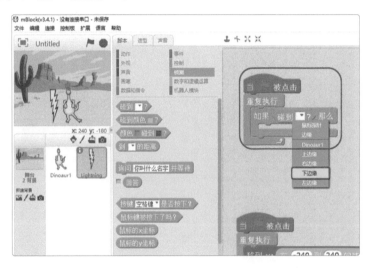

（2）拖曳 广播 message1▼，单击▼，选择【新消息】，输入"原点"，并单击【确定】。

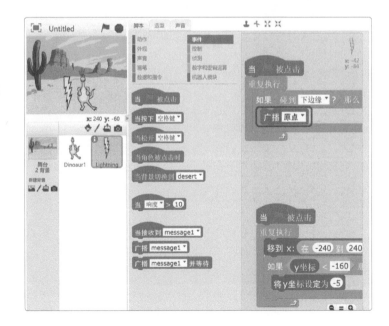

2 做一个变量

做一个变量"得分"。如果闪电碰到舞台下方边缘，得分加 1 。

（1）单击 **数据和指令** ，选择 **新建变量** ，输入"得分"。

（2）拖曳

到程序区。

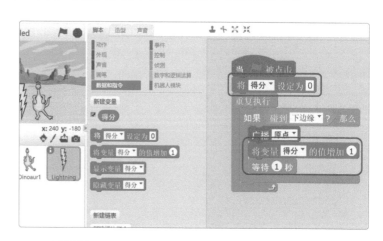

3 重新掉落

闪电接收到"原点"广播后，再重新从舞台上方往下掉落。

（1）拖曳 **当接收到 原点** 到程序区。

（2）在"重复执行"上右键单击，选择【复制】。

（3）将程序移到

当接收到 原点 下方。

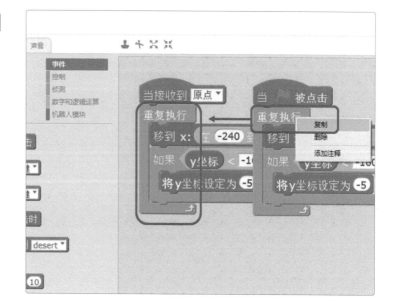

5-7　机器人自动避开障碍物

　　机器人不停重复前进。如果超声波传感器侦测到的距离小于 40mm，则后退 0.5s 再左转 0.5s。当舞台的恐龙碰到闪电时，广播"停止"。当机器人接收到广播"停止"时，前进转速变为 0。

1 机器人避开障碍物的执行流程

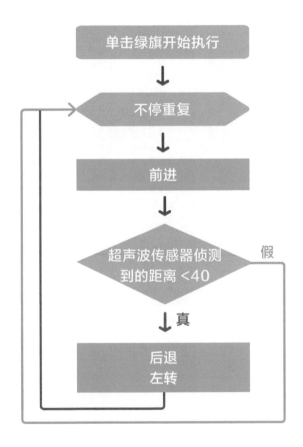

2 机器人自动前进

程序开始执行时，机器人不停重复前进。

（1）连接计算机与 mBot 机器人的 USB 接口。

（2）单击【连接】的【串口】，并勾选【COM4】。

（3）拖曳

到程序区。

（4）单击 🚩，机器人开始前进。

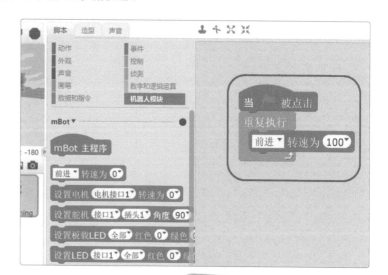

小叮咛

机器人程序可以编写在任何角色或舞台中。

3 利用超声波侦测距离，控制转弯

如果超声波传感器侦测到的距离小于 40mm，后退 0.5s 再左转 0.5s。

（1）拖曳

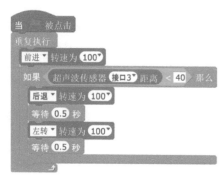

到程序区。

（2）单击 🚩，机器人开始前进，若侦测到障碍物距离小于 40mm，则后退转弯。

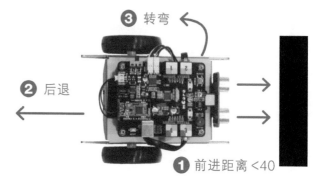

小叮咛

快按两下积木，超声波传感器 接口3 距离，会显示目前机器人与障碍物之间的距离，距离依照此参数设定。

4 机器人停止

当机器人接收到广播"停止"时，前进转速变为 0。

（1）拖曳  到程序区。

（2）单击 ⚑，机器人开始前进，当恐龙碰到闪电时，停止执行程序，机器人也停止。

（3）保存项目。

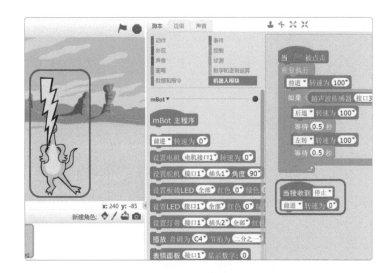

第5章 实力评测

单选题

(   ) 1. 若想设计机器人"侦测与障碍物之间的距离"，应使用下列哪个积木？

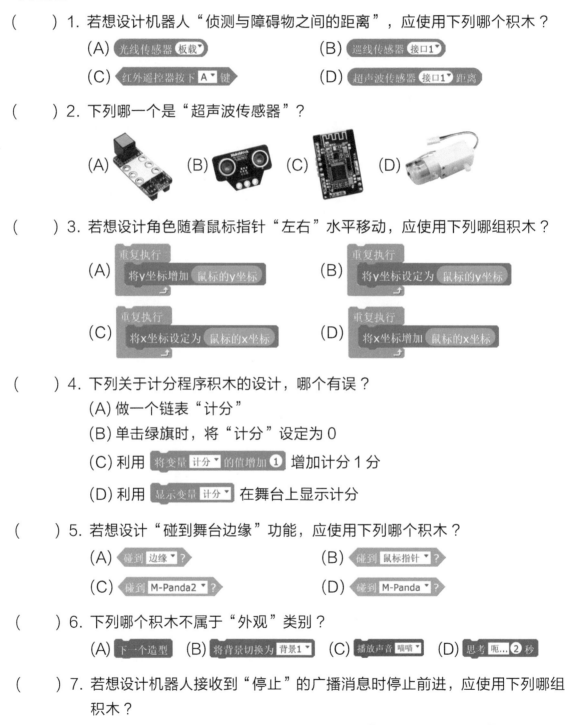

       (A) 光线传感器 板载▼   (B) 巡线传感器 接口1▼

       (C) 红外遥控器按下 A▼ 键   (D) 超声波传感器 接口1▼ 距离

(   ) 2. 下列哪一个是"超声波传感器"？

       (A)   (B)   (C)   (D)

(   ) 3. 若想设计角色随着鼠标指针"左右"水平移动，应使用下列哪组积木？

       (A) 重复执行 将y坐标增加 鼠标的y坐标   (B) 重复执行 将y坐标设定为 鼠标的y坐标

       (C) 重复执行 将x坐标设定为 鼠标的x坐标   (D) 重复执行 将x坐标增加 鼠标的x坐标

(   ) 4. 下列关于计分程序积木的设计，哪个有误？

       (A) 做一个链表"计分"

       (B) 单击绿旗时，将"计分"设定为 0

       (C) 利用 将变量 计分▼ 的值增加 1 增加计分 1 分

       (D) 利用 显示变量 计分▼ 在舞台上显示计分

(   ) 5. 若想设计"碰到舞台边缘"功能，应使用下列哪个积木？

       (A) 碰到 边缘▼ ?   (B) 碰到 鼠标指针▼ ?

       (C) 碰到 M-Panda2▼ ?   (D) 碰到 M-Panda▼ ?

(   ) 6. 下列哪个积木不属于"外观"类别？

       (A) 下一个造型   (B) 将背景切换为 背景1▼   (C) 播放声音 喵喵▼   (D) 思考 呃... 2 秒

(   ) 7. 若想设计机器人接收到"停止"的广播消息时停止前进，应使用下列哪组积木？

       (A) 当接收到 停止▼ 前进▼ 转速为 100▼   (B) 当接收到 停止▼ 前进▼ 转速为 0▼   (C) 当按下 空格键▼ 前进▼ 转速为 0▼   (D) 当按下 空格键▼ 停止 全部▼

( ) 8. 关于右图所示积木的叙述，哪个正确？

    (A) 单击绿旗，先前进再后退、左转

    (B) 当机器人与障碍物之间的距离小于 40mm 时后退再左转

    (C) 当机器人与障碍物之间的距离小于 40mm 时前进

    (D) 当机器人与障碍物之间的距离小于 40mm 时后退

( ) 9. 关于右图所示积木的叙述，哪个有误？

    (A) 程序开始时，角色会出现在舞台最上方随机一个位置

    (B) 角色往下移动，直到 y 小于 -160

    (C) "y 坐标改变为 -5"，往下移动

    (D) 程序开始时，角色会出现在舞台最下方随机一个位置

( )10. 关于右图所示积木的叙述，哪个正确？

    (A) 角色碰到 Dinoaur1 时停止执行所有程序

    (B) 没有碰到角色 Dinoaur1 时停止执行所有程序

    (C) 不停重复地停止执行所有程序

    (D) 单击绿旗时，停止执行所有程序

实作题

1. 请利用 `在 1 到 10 间随机选一个数` 设计"闪电"由上往下掉落的速度不固定。

2. 将机器人自动避开障碍物程序中的 `当 被点击` ，改成 `mBot 主程序` 。

    在 `mBot 主程序` 上右键单击【上传 Arduino 程序】。上传完成，拔除计算机与 mBot 的 USB 线，检查机器人是否自动避开障碍物。

 提示：上传 Arduion 程序之后，若要恢复机器人的原厂默认功能，重新连接 USB，勾选【连接】串口【COM】，再选择【恢复出厂程序】。

6 光控机器人

本章将设计的程序的功能是："开灯时机器人前进""关灯时机器人停止"，小男孩与飞机则不停重复移动前进，同时，飞机在移动时会留下彩色画笔痕迹。

学 习 目 标

1. 光线传感器与光线 mBlock 积木
2. 理解画笔积木
3. 能够设计角色走路动画
4. 能够利用光线控制机器人前进
5. 能够设计角色移动留下笔迹

6-1　光线传感器与"光线"mBlock 积木

6-2　"画笔"积木

6-3　光控机器人程序设计

6-4　外观特效

6-5　小男孩重复往右移动

6-6　飞机画笔痕迹

6-7　光控机器人前进

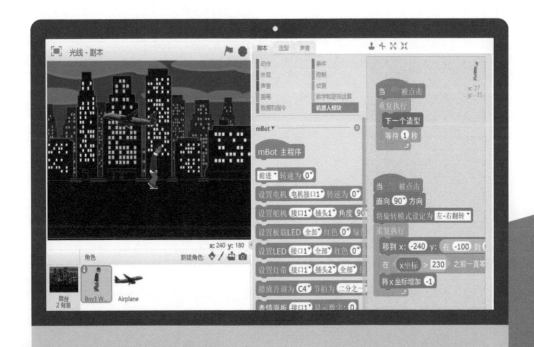

6-1　光线传感器与"光线"mBlock 积木

1　光线传感器

光线传感器的主要功能是侦测光线的强度，光线传感器在 mCore 主板上的位置图如图 6-1 所示。

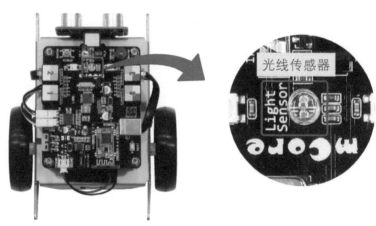

🎧 图 6-1　光线传感器的位置

2　光线传感器 mBlock 积木

光线传感器 mBlock 积木的功能是传回侦测的光线强度值。

积木	功能	说明
光线传感器 板载1▾	传回板载或端口中光线传感器侦测到的光线值	晚上为 0 ~ 100，室内照明为 100 ~ 500，曝晒在日光下为 500 以上

🐼 **小试身手 1**

机器人侦测光线值（⬇ 范例 6-1-1）　　　小叮咛

1. 拖曳 当 被点击 说 光线传感器 板载1▾ 2 秒 到程序区。

快按两下积木 光线传感器 板载1▾，也可显示光线传感器的侦测值。

2. 开灯，检查光线传感器的侦测结果，再关灯，检查光线传感器的侦测结果。

侦测结果：开灯：＿＿＿＿＿＿＿、关灯：＿＿＿＿＿＿＿。

6-2 "画笔"积木

画笔 积木的主要功能是让角色在移动时留下笔迹并设定画笔。

1 下笔或停笔

画笔	清空	抬笔	落笔	图章
积木	清空	抬笔	落笔	图章
功能	清除舞台上的笔迹及图章	画笔抬笔，角色移动时不画	画笔落笔，角色移动时画	在舞台上复制角色图像
范例 6-2-1 6-2-2	单击绿旗，清除所有笔迹 当 ▶ 被点击 面向 90 方向 移到 x: -240 y: 0 清空	重复执行 10 次之后抬笔 当 ▶ 被点击 面向 90 方向 移到 x: -240 y: 0 清空 重复执行 10 次 　落笔 　移动 48 步 抬笔	角色移动时画笔落笔，留下笔迹 当 ▶ 被点击 面向 90 方向 移到 x: -240 y: 0 清空 重复执行 10 次 　落笔 　移动 48 步 抬笔	角色移动时盖图章 图章 当 ▶ 被点击 面向 90 方向 移到 x: -240 y: 0 清空 重复执行 10 次 　图章 　移动 48 步 抬笔
结果				

2 设定画笔

设定画笔的功能是将画笔的颜色、色度或大小设定成特定的参数值。

执行指令	设定颜色	设定色度	设定大小
积木	(1) 将画笔的颜色设定为 ■ (2) 将画笔的颜色设定为 ⓪	将画笔的色度增加 50	将画笔的大小设定为 ①
功能	(1) 依照选定颜色设定画笔的颜色。 (2) 依照特定值设定画笔颜色（0：红色，70：绿色，130：蓝色）	设定画笔的色度，参数值为 0 ~ 100	设定画笔的大小（粗细）
范例 6-2-3 6-2-4 6-2-5	单击绿旗，将画笔颜色设定成红色 当 ▶ 被点击 将画笔的颜色设定为 ⓪ 清空 面向 90° 方向 移到 x: ⓪ y: ⓪ 落笔 重复执行 24 次 　移动 10 步 　向右旋转 ↻ 15 度 抬笔	单击绿旗，将红色画笔的色度设定成 100 当 ▶ 被点击 将画笔的颜色设定为 ⓪ 将画笔的色度增加 100 清空 面向 90° 方向 移到 x: ⓪ y: ⓪ 落笔 重复执行 24 次 　移动 10 步 　向右旋转 ↻ 15 度 抬笔	单击绿旗，将红色画笔的大小设定成 100 当 ▶ 被点击 清空 将画笔的大小增加 100 面向 90° 方向 移到 x: ⓪ y: ⓪ 落笔 重复执行 24 次 　移动 10 步 　向右旋转 ↻ 15 度 抬笔
结果			

3 改变画笔

改变画笔的功能是让画笔的颜色、色度或大小随着程序的执行而改变。

执行指令	改变颜色	改变大小	改变色度
积木	将画笔的颜色值增加 10	将画笔的大小增加 1	将画笔的色度增加 10
功能	将画笔的颜色增加（正数）或减少（负数）	将画笔的大小增加（正数）或减少（负数）	改变画笔的色度，参数值为 0～100
范例 6-2-6 6-2-7 6-2-8	重复执行 24 次，每次将画笔颜色增加 3

当 被点击
清空
将画笔的大小增加 100
面向 90 方向
移到 x: -240 y: 0
落笔
重复执行 24 次
　将画笔的颜色值增加 3
　移动 20 步
抬笔 | 重复执行 24 次，每次将画笔大小增加 3

当 被点击
清空
将画笔的大小增加 1
面向 90 方向
移到 x: -240 y: 0
落笔
重复执行 24 次
　将画笔的大小增加 3
　移动 20 步
抬笔 | 重复执行 24 次，每次将画笔色度增加 10、大小增加 3

当 被点击
清空
将画笔的大小增加 1
面向 90 方向
移到 x: -240 y: 0
落笔
重复执行 24 次
　将画笔的色度增加 10
　将画笔的颜色值增加 3
　移动 20 步
抬笔 |
| 结果 | | | |

6-3　光控机器人程序设计

本章将设计的程序的功能是："开灯时机器人前进""关灯时机器人停止"，小男孩与飞机则不停重复移动前进，同时，飞机在移动时留下彩色画笔痕迹。

脚本规划

舞　台	角　色	动画情境
	小男孩 Boy3 Wa...	1. 单击绿旗时，小男孩开始走路。 2. 小男孩不停重复从舞台左侧走到右侧
舞台 1 背景 night city	飞机 Airplane	1. 单击绿旗时，飞机不停重复从舞台右侧飞到左侧。 2. 飞机飞过时留下画笔痕迹
	mBot	1. 开灯时侦测光度值。 2. mBot 机器人前进。 3. 关灯时，机器人停止

6-4　外观特效

单击绿旗，小男孩开始走路。

1　新建舞台背景及角色

新建城市夜景（night city）背景、小男孩（Boy）与飞机（Airplane）角色。

（1）打开 mBlock 程序。

（2）单击【文件】的【新建项目】。

（3）在舞台背景中，单击【 选择背景】中的"night city"，并单击【确定】。

（4）单击"背景 1"，单击【 删除空白背景】。

（5）在新建角色中，单击【 从角色库中选择角色】。

（6）单击小男孩"Boy3 Walking"，并单击【确定】。

（7）新建飞机"Airplane"角色。

（8）在 M-Panda 上右键单击然后选择【删除】。

（9）单击【 缩小角色】。

2 外观特效

单击绿旗，小男孩改变造型，形成走路动画。

拖曳  到程序区。

选择"小男孩"的造型，小男孩有5个造型，每1s切换一种造型。

6-5　小男孩重复往右移动

小男孩不停重复从舞台左侧（x=-240）走到右侧（x=230）。

1　小男孩重复往右移动的执行流程

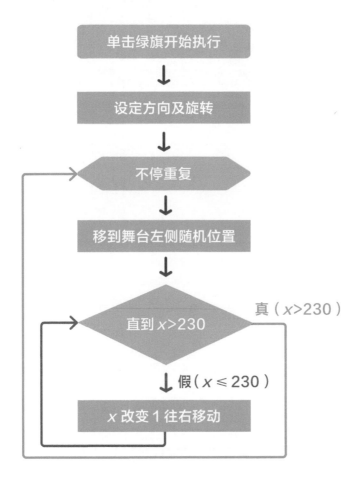

2 小男孩重复往右移动

拖曳

到程序区。

> **小叮咛**
>
> 小男孩面向右边（90
> 方向），左右旋转往
> 右移动。

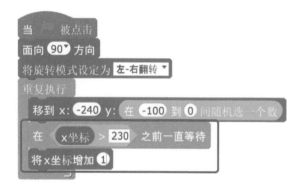

> **说明**
>
> ① 往右移动，x 改为正数。
>
> ② 到最右边 $x>230$，再重复从左边开
> 始。

> **小叮咛**
>
> 最左侧（$x:-240$）与右侧（$x:230$）的参数值可
> 以依照角色的大小或位置更改。

6-6 飞机画笔痕迹

单击绿旗，飞机不停重复从舞台右侧飞到左侧，飞机飞过，留下画笔痕迹。

1 飞机角色的执行流程

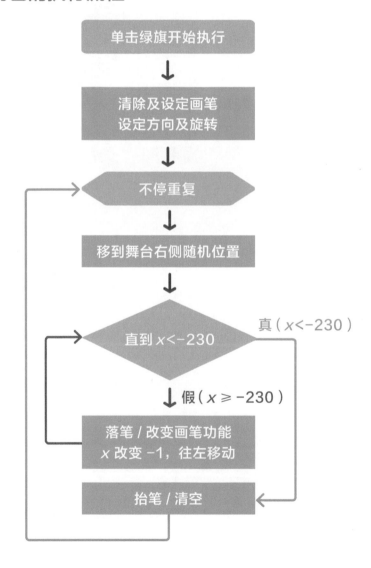

2　飞机重复往左移动

飞机不停重复从舞台右侧飞到左侧。

拖曳

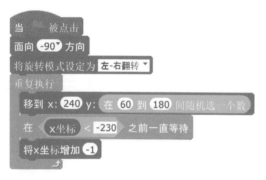

到程序区。

说明

① 飞机面向左（-90）方向。

② 旋转方式为从左到右。

③ 从最右边（x = 240），高度介于 60 ～ 180。

④ 往左飞，x 为负数。

⑤ 到舞台左边（x<-230），再从右边开始。

3　画笔下笔

飞机飞过，留下画笔痕迹。

（1）拖曳

到程序区。

程序开始时要清除所有笔迹。

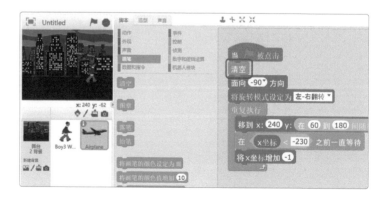

（2）拖曳 将画笔的颜色设定为 到程序区。

（3）在颜色 为 上单击。

（4）在舞台或任何颜色处单击，改变画笔颜色 为 。

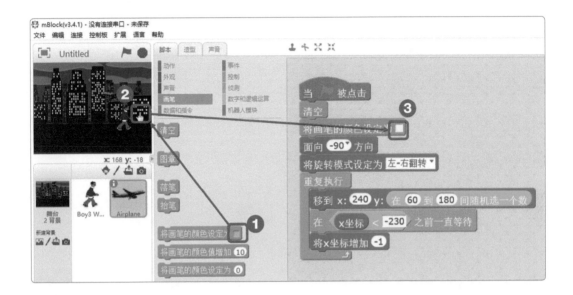

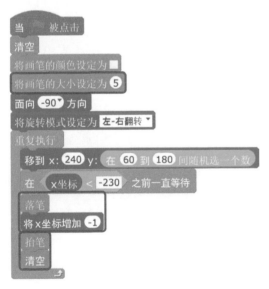

说明

① 设定画笔大小为固定值5。

② 飞机开始移动落笔，每移动1步，改变画笔颜色为黄色。

③ 移到舞台最左边时抬笔，并清除笔迹，重新开始。

6-7　光控机器人前进

开灯侦测光线值，当光线传感器值大于 30 时，机器人前进；否则（关灯），机器人停止。

1　光控机器人执行流程

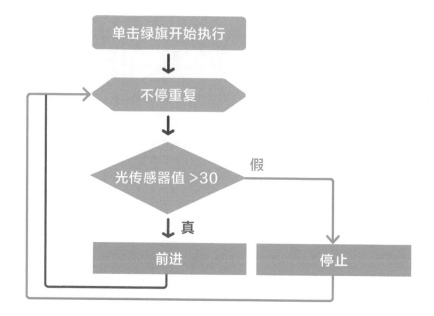

2 侦测光线值

单击绿旗，侦测光线值。

（1）连接计算机与 mBot 机器人的 USB 接口。

（2）单击【连接】的【串口】，并勾选【COM4】。

（3）拖曳

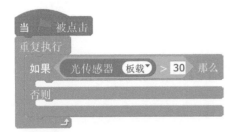

到程序区。

小叮咛

开灯，快按两下积木 光线传感器 板载 侦测开灯时的光线值（996）。

关灯，快按两下积木 光线传感器 板载 侦测关灯时的光线值（27）。
侦测值随着灯光强度变化而变化。

3 光控机器人前进与停止

光线值大于 30，机器人广播"开始"，并前进。关灯，机器人停止。

（1）拖曳

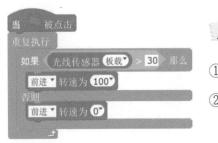

说明

① 开灯，光线感应值大于 30，机器人前进。

② 否则，关灯时光线感应值小于 30，机器人停止。

到程序区。

（2）保存项目。

第 6 章 实力评测

单选题

( ) 1. 若想设计机器人侦测光线的亮度，应使用下列哪个积木？

(A) 光线传感器 板载▾   (B) 巡线传感器 接口1▾

(C) 红外遥控器按下 A▾ 键   (D) 超声波传感器 接口1▾ 距离

( ) 2. 下图中 A、B、C、D 位置，哪个属于"光线传感器"？

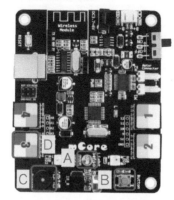

( ) 3. 下列哪个积木能够让角色在移动时留下画笔痕迹？

(A) 抬笔   (B) 清空   (C) 落笔   (D) 将画笔的大小设定为 1

( ) 4. 下列哪个积木无法改变画笔的功能？

(A) 将画笔的大小设定为 1   (B) 将画笔的色度增加 10

(C) 将画笔的颜色值增加 10   (D) 清空

( ) 5. 若想设计角色的"走路动画"，应使用下列哪一组积木？

(A)
当 被点击
重复执行
将背景切换为 背景1▾
等待 1 秒

(B)
当 ▶ 被点击
重复执行
下一个造型
等待 1 秒

(C)

(D)
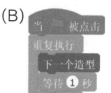

(   ) 6. 下列哪个积木可以让角色左右移动？

(A) 面向 -90˚ 方向   (B) 将x坐标增加 -10

(C) 将y坐标设定为 0   (D) 将y坐标增加 10

(   ) 7. 下列哪个积木可以用来设计关系运算中，大于或小于的比较结果？

(A) ◄ < ►   (B) 或   (C) 不成立   (D) ◯-◯

(   ) 8. 若想设计角色"左右"旋转，而不是 360° 旋转，应使用下列哪个积木？

(A) 面向 90˚ 方向   (B) 将旋转模式设定为 任意 ▾

(C) 将旋转模式设定为 左-右翻转 ▾   (D) 向右旋转 ↻ 15 度

(   ) 9. 右图所示积木"画笔"是执行何种功能？

(A) x 往右移动 1 步，画笔颜色固定为 5

(B) x 往右移动 1 步，画笔颜色改变 5

(C) x 往左移动 1 步，画笔颜色固定为 5

(D) x 往左移动 1 步，画笔颜色改变 5

在 x坐标 < -230 之前一直等待
落笔
将画笔的颜色增加 5
将 x坐标增加 -1

(   )10. 关于右图所示积木的叙述，哪个正确？

(A) 光传感器侦测值小于 30，机器人前进

(B) 单击绿旗，机器人前进

(C) 光线传感器侦测值大于 30，机器人停止

(D) 光线传感器侦测值大于 30，机器人前进

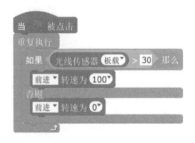

当 被点击
重复执行
如果 光线传感器 板载▾ > 30 那么
前进▾ 转速为 100▾
否则
前进▾ 转速为 0▾

实作题

1. 请设计飞机飞过的画笔痕迹，让它的画笔痕迹越飞越大。

💡 提示：将画笔的大小设定为 1 、将画笔的颜色设定为 0 。

2. 将光线控制机人前进与停止程序中的 当 被点击 ，改成 mBot 主程序 。

在 mBot 主程序 上右键单击【上传 Arduino 程序】。上传完成，拔除计算机与
mBot 的 USB 线，检查开灯及关灯机器人的动作为何？

💡 提示：上传 Arduion 程序之后，若要恢复机器人原厂默认功能，要重新连接
USB，勾选【连接】串口【COM】，再单击【恢复出厂程序】。

7 红外遥控射气球

本章将定义红外遥控器的 1 ～ 9 功能键，设计射气球游戏。程序开始执行时，气球由舞台下方往上方飞，当单击遥控器的 1 ～ 9 功能键时，舞台上的箭头会朝数字键（上、下、左、右等）的方向移动，若射到气球，气球隐藏，重新开始，游戏倒计时 60s。在单击遥控器的 2、8、4、6 数字键的同时，机器人也随着上、下、左、右的方向移动。

学习目标

1. 认识红外传感器与"红外"mBlock 积木
2. 设计射气球程序
3. 设计气球随机往上飘
4. 能够定义红外遥控器
5. 能够利用红外遥控器控制角色

本章节次

7-1　红外传感器与"红外"mBlock 积木

7-2　红外遥控射气球程序设计

7-3　画新造型

7-4　气球随机往上飘

7-5　定义红外遥控器

7-6　按遥控器发射箭头

7-7　倒计时

7-8　遥控器控制机器人

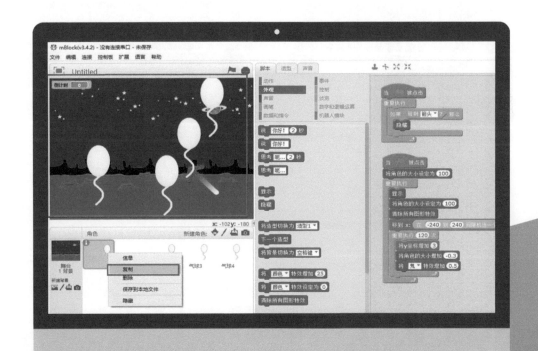

7-1　红外传感器与"红外" mBlock 积木

1　红外传感器

红外传感器分成红外发射器（IR_T；Infrared Remote Transmitting）与红外接收器（IR_R；Infrared Remote Receive）两种。红外发射器的主要功能是传送红外线信号；而红外接收器的主要功能是在接收红外遥控器发射的信号，依照信号控制机器人的动作，红外线接收的最佳距离在 10m 以内，红外发射器与接收器在 mCore 主板上的位置如图 7-1 所示。

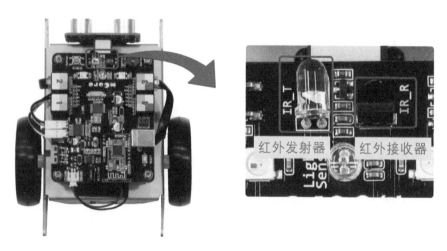

⌂ 图 7-1　红外发射与接收器在 mCore 主板上的位置

2　红外传感器 mBlock 积木

红外传感器 mBlock 积木的功能是侦测红外遥控器是否单击按键。

积木	功能	说明
红外遥控器按下 A ▼ 键	侦测红外遥控器是否单击 A 键（A ~ F 键、上、下、左、右键与 R0 ~ R9）	侦测结果为真或假。真（True）：已单击 A 键。假（False）：　未单击 A 键

小试身手 1

定义遥控器新功能（ ⬇ 范例 7-1-1）

拖曳

```
当 [▢] 被点击
重复执行
    如果 [红外遥控器按下 A▼ 键] 那么
        播放 音调为 C4▼ 节拍为 八分之一▼
    如果 [红外遥控器按下 B▼ 键] 那么
        播放 音调为 D4▼ 节拍为 八分之一▼
    如果 [红外遥控器按下 C▼ 键] 那么
        播放 音调为 E4▼ 节拍为 八分之一▼
```

执行结果：

按 A：_____

按 B：_____

按 C：_____

单击红外遥控器的 A、B、C，机器人执行哪些动作？

7-2 红外遥控射气球程序设计

本章将定义红外遥控器的 1 ～ 9 功能键，设计红外遥控射气球游戏。程序开始执行时，气球由舞台下方往上方飞，当单击遥控器的 1 ～ 9 功能键时，舞台上的箭头会朝遥控器数字键（上、下、左、右等）的方向移动，若射到气球，气球隐藏，重新开始，游戏倒计时 60s。

脚本规划

舞　台	角　色	动画情境
舞台 1 背景 sapce 太空	气球	1. 不停重复由舞台下方往上飘。 2. 越往上颜色越透明。 3. 越往上越小。 4. 气球碰到箭头隐藏，从舞台下方重新开始移动
	箭头	1. 游戏开始，倒计时 60 秒。 2. 接收到遥控器 1 ～ 9 的方向输出。 3. 箭头面向遥控器的 8 个方向。 4. 箭头发射
	mBot	1. 定义机器人红外遥控器的 1 ～ 9 按钮功能。 2. 单击遥控器的 1 ～ 9，输出方向。 3. 机器人面向遥控器定义的方向移动

7-3　画新造型

画气球角色造型。

1　椭圆与图形上色

（1）打开 mBlock 程序。

（2）单击【文件】的【新建项目】。

（3）在舞台背景中，单击【🖼选择背景】中的"space"，并单击【确认】。

（4）单击"背景1"，单击【🐭删除空白背景】。

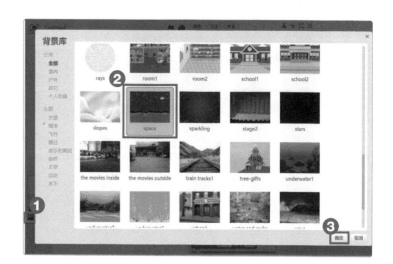

（5）在新建角色中，单击【✏画新角色】。

（6）单击【矢量模式 转换成位图编辑模式 转换成向量图】。

小叮咛

单击◀切换小舞台。

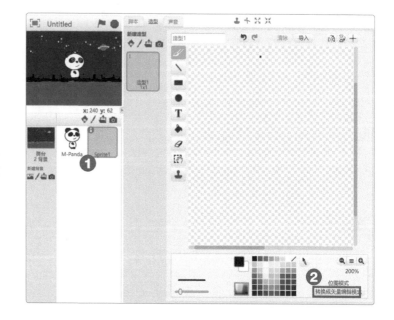

（7）单击【  椭圆 】、【 颜色 】、【 实心 】。

（8）从舞台左上方往右下方拖曳，画一椭圆。

小叮咛

单击  放大造型绘图区。

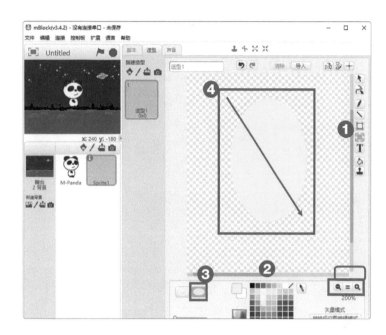

（9）单击【 将图形上色 】、【 渐变 】、【 交换底色 】。

（10）在椭圆上单击，将椭圆填上渐变色。

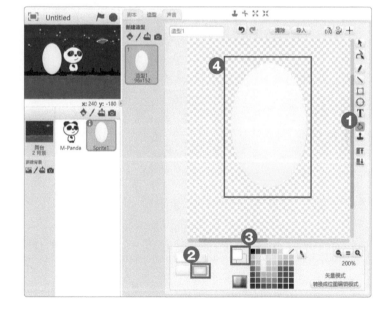

（11）单击【 ✏ 铅笔 】、

【 ⬜ 交换底色 】、

【 ⚬— 线段粗细 】。

（12）在椭圆下方画气球
的线。

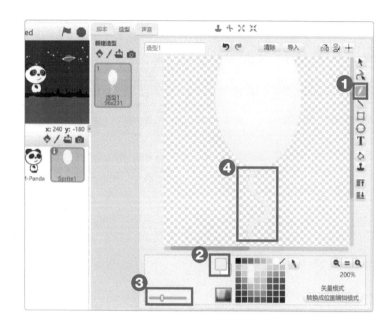

（13）仿照上述步骤，新建
"箭头"角色。

（14）删除"M-Panda"
角色。

小叮咛

箭头预设方向面向右。

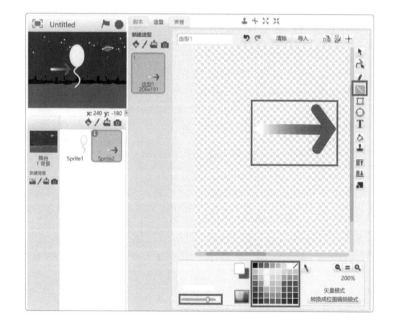

2　更改角色信息

（15）在角色中，单击 ⓘ，将角色名称分别改为"气球"与"箭头"。

（16）单击【◀ 返回】。

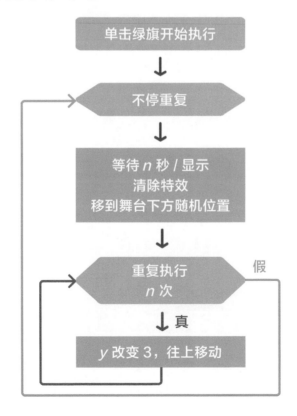

7-4　气球随机往上飘

气球随机由舞台最下方（$y=-180$）往上飘（$y=180$）。

1　气球往上飘的执行流程

单击绿旗开始执行

↓

不停重复

↓

等待 n 秒 / 显示
清除特效
移到舞台下方随机位置

↓

重复执行
n 次 ——假

↓真

y 改变 3，往上移动

2 由下往上移动

（1）单击 。

（2）拖曳

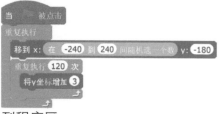

到程序区。

说明

① 舞台最下方 $y=-180$，x 随机出现。

② 舞台最下方（-180）到最上方（180），总高度是 360。

③ 往上移动 y 坐标，改变为正数。

④ 每次移动 3，乘以 120 次，合计 360。

⑤ y 坐标改变越大，速度越快。

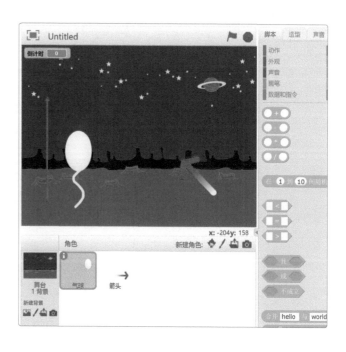

3 鬼特效变透明

气球越往上越透明，利用鬼特效实现。

拖曳

到程序区。

说明

① 开始移动前，清除所有特效。

② y 每往上移动 3，鬼特效改变为透明度 0.5。

③ 鬼特效改变在 `将 颜色▼ 特效增加 25` 积木的下拉菜单中。

4　气球由下往上缩小

气球越往上越小，将大小改变负数。

拖曳

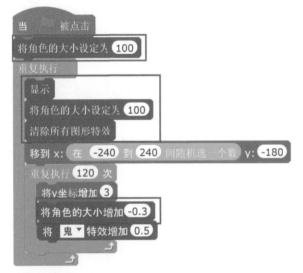

说明

① 程序开始执行，先还原原来大小。

② 从最下方移到最上方，重复往上移动前，再还原原来大小，并显示。

③ y 坐标每往上改变3，将气球大小缩小0.3。

到程序区。

7-5　定义红外遥控器

当单击红外遥控器的 1 ~ 9 按键时，舞台上的箭头跟着改变方向。遥控器与箭头旋转方向的对应关系如图 7-2 所示。

⚓ 图 7-2　遥控器与箭头旋转方向的对应关系

167

1　遥控器的执行流程

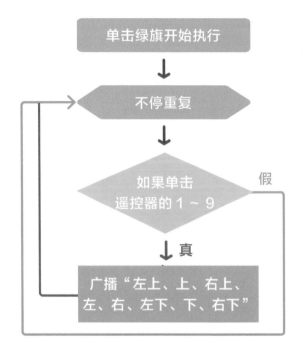

2　遥控器广播方向

单击 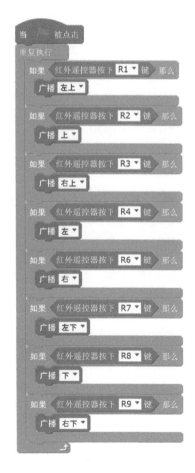，拖曳 8 个 和

。分别单击"R1 ~
R4""R6 ~ R9"与"广播方向"。

7-6 按遥控器发射箭头

箭头接收到遥控器方向广播，依照方向发射箭头。

1 箭头发射的流程

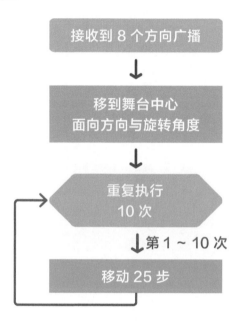

2 箭头面向方向

● 面向方向

上	下	左	右
面向 0 方向	面向 180 方向	面向 -90 方向	面向 90 方向

●箭头旋转方向

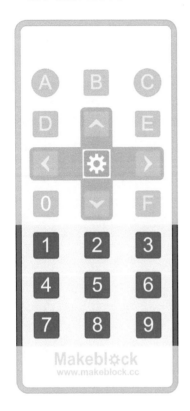

1	2	3
左上	**上**	**右上**
面向 0° 方向 / 向左旋转 45°	面向 0° 方向	面向 0° 方向 / 向右旋转 45°

4	5	6
左		**右**
面向 −90° 方向		面向 90° 方向

7	8	9
左下	**下**	**右下**
面向 180° 方向 / 向右旋转 45°	面向 180° 方向	面向 180° 方向 / 向左旋转 45°

●接收广播后旋转

（1）连接计算机与 mBot 机器人的 USB 接口。

（2）单击【连接】的【串口】，并勾选【COM4】。

（3）拖曳箭头接收到广播方向，面向广播的方向。

小叮咛

1. 快按两下积木，测试舞台上的箭头方向。
2. 单击遥控器，检查舞台的箭头是否面向 1 ~ 9 定义的方向旋转。若遥控器没有作用，请连接机器人与计算机 USB 端口，单击【连接】→【安装固件】。

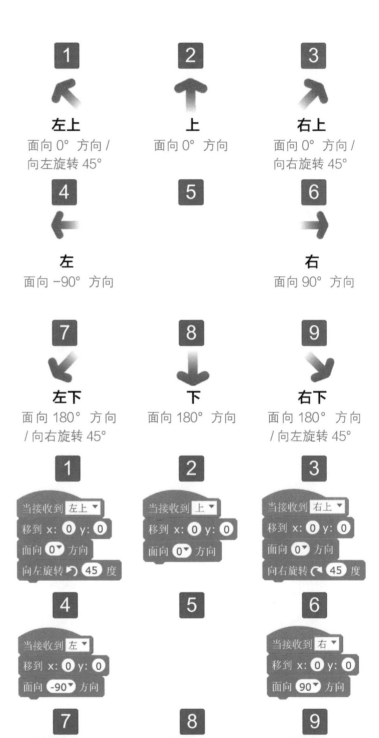

3 箭头发射

箭头面向广播方向发射。

1

当接收到 左上▼
移到 x: 0 y: 0
面向 0▼ 方向
向左旋转 ↺ 45 度
重复执行 10 次
　　移动 25 步

2

当接收到 上▼
移到 x: 0 y: 0
面向 0▼ 方向
重复执行 10 次
　　移动 25 步

3

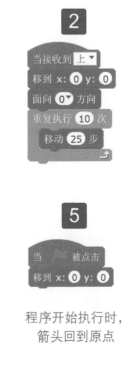

当接收到 右上▼
移到 x: 0 y: 0
面向 0▼ 方向
向右旋转 ↻ 45 度
重复执行 10 次
　　移动 25 步

4

当接收到 左▼
移到 x: 0 y: 0
面向 -90▼ 方向

5

当 🏴 被点击
移到 x: 0 y: 0

程序开始执行时，
箭头回到原点

6

当接收到 右▼
移到 x: 0 y: 0
面向 90▼ 方向

7

当接收到 左下▼
移到 x: 0 y: 0
面向 180▼ 方向
向右旋转 ↻ 45 度
重复执行 10 次
　　移动 25 步

8

当接收到 下▼
移到 x: 0 y: 0
面向 180▼ 方向
重复执行 10 次
　　移动 25 步

9

当接收到 右下▼
移到 x: 0 y: 0
面向 180▼ 方向
向左旋转 ↺ 45 度
重复执行 10 次
　　移动 25 步

1	2	3
4	5	6
7	8	9

Makeblock
www.makeblock.cc

7-7 倒计时

游戏开始倒计时 60s，箭头碰到气球，气球隐藏。

● 倒计时

做一个倒计时变量，变量值设定为 60。

单击 数据和指令 ，单击 新建变量 ，输
入"倒计时"，并单击【确认】。

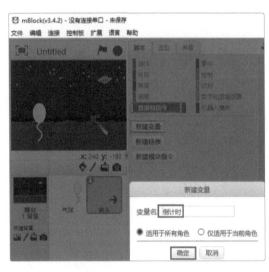

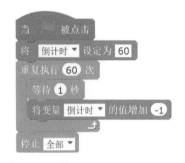

说明

① 单击绿旗，倒计时从 60 开始。

② 重复执行 60 次。

③ 每次等待 1s。

④ 每次将倒计时减 1。

⑤ 60 次执行完，停止所有的程序。

● 箭头碰到气球

箭头碰到气球，气球隐藏。

（1）单击  ，

拖曳

到程序区。

（2）在 上右键单击，

选择【复制】多个气球。

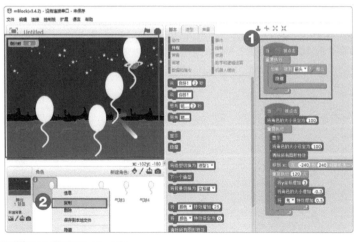

小叮咛

要避免所有气球同时出现，在【显示】之前
先等待 1 ~ 3s 。

7-8　遥控器控制机器人

当单击遥控器 2、8、4、6 数字键的同时，机器人也随着上、下、左、右的方向移动，单击空格键停止移动。

当按下 空格键▼
前进▼ 转速为 0▼

小叮咛

在广播"上、下、左、右"积木的下方，堆栈机器人前进、后退、左转、右转积木。

当 🏳 被点击
重复执行
　如果 红外遥控器按下 R1▼ 键 那么
　　广播 左上▼
　如果 红外遥控器按下 R1▼ 键 那么
　　广播 上▼
　　前进▼ 转速为 100▼
　如果 红外遥控器按下 R1▼ 键 那么
　　广播 左▼
　　左转▼ 转速为 100▼
　如果 红外遥控器按下 R1▼ 键 那么
　　广播 右▼
　　右转▼ 转速为 100▼
　如果 红外遥控器按下 R1▼ 键 那么
　　广播 左下▼
　如果 红外遥控器按下 R1▼ 键 那么
　　广播 下▼
　　后退▼ 转速为 100▼
　如果 红外遥控器按下 R1▼ 键 那么
　　广播 右下▼

第 7 章 实力评测

单选题

(   ) 1. 若想设计利用遥控器控制机器人的动作，应使用下列哪个积木？

(A) `光线传感器 板载▼`   (B) `巡线传感器 接口1▼`

(C) `红外遥控器按下 A▼ 键`   (D) `超声波传感器 接口1▼ 距离`

(   ) 2. 下列关于红外传感器的叙述，哪个不正确？

(A) 红外发射器与接收器都是同一个传感器组件

(B) 红外传感器主要利用信号传送红外线

(C) 红外接收器的主要功能是接收红外遥控器发射的信号

(D) 红外传感器分成红外发射器与红外接收器

(   ) 3. 右图所示积木若写在"箭头"角色中，会执行何种功能？

(A) 箭头从舞台最左边（$y=180$）往右发射

(B) 箭头从舞台中心点（$x=0$, $y=0$）往右发射

(C) 箭头广播往右发射

(D) 箭头从舞台中心点（$x=0$, $y=0$）面向上发射

```
当我接收到 右▼
移到 x: 0 y: 0
面向 90▼ 方向
重复 10 次
   移动 25 步
```

(   ) 4. 想设计"角色越来越透明"，最终完全透明看不到，应使用下列哪个积木？

(A) `清除所有图形特效`   (B) `将 颜色▼ 特效增加 25`

(C) `隐藏`   (D) `将 鬼▼ 特效增加 5`

(   ) 5. 右图所示积木执行的是何种功能？

(A) 单击红外遥控器的数字键 6，角色面向右

(B) 单击红外遥控器的数字键 6，广播消息"右"

(C) 当角色接收到广播右，红外遥控器显示"6"

(D) 单击红外遥控器的数字键 6，机器人面向右

```
如果 红外遥控器按下 R6▼ 键 那么
   广播 右▼
```

(   ) 6. 下列哪个积木可以用来设计"将角色的大小固定不变"的功能？

(A) `将角色的大小增加 10`   (B) `将角色的大小增加 -10`   (C) `将角色的大小设定为 100`   (D) `大小`

(   ) 7. 下列关于角色"动作"积木的叙述，哪个不正确？

(A) `移动 10 步` 角色移动 10 步

(B) `将x坐标增加 10` 角色往右移动 10 步

(C) `将y坐标增加 10` 角色往上移动 10 步

(D) `向右旋转 ↻ 15 度` 角色往左旋转 15°

(   ) 8. 若想设计"倒计时，时间终了停止所有"程序，应使用下列哪一组积木？

(A)
```
当 [ ] 被点击
将 倒计时▼ 设定为 60
重复执行 60 次
    等待 1 秒
    将变量 倒计时▼ 的值增加 1
```

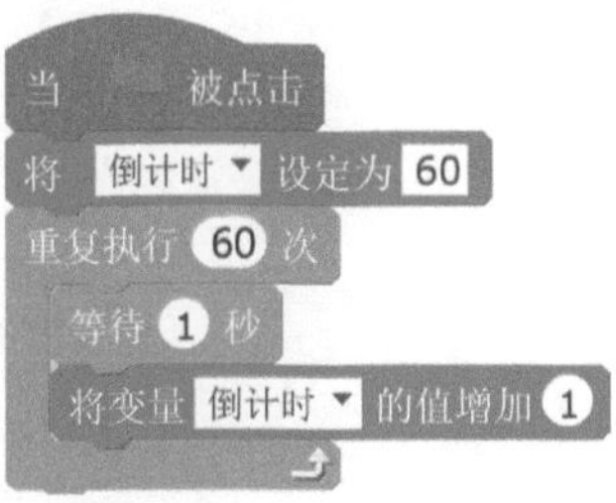

(B)
```
当 [ ] 被点击
将 倒计时▼ 设定为 60
重复执行 60 次
    等待 1 秒
    将变量 倒计时▼ 的值增加 1
停止 全部▼
```

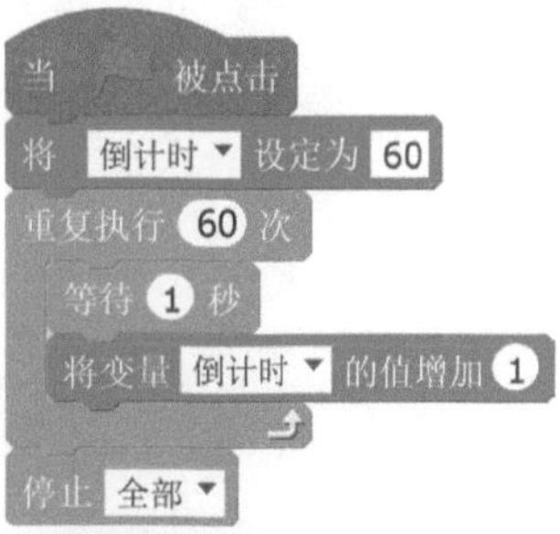

(C)
```
当 [ ] 被点击
将 倒计时▼ 设定为 60
重复执行 60 次
    等待 1 秒
    将变量 倒计时▼ 的值增加 -1
```

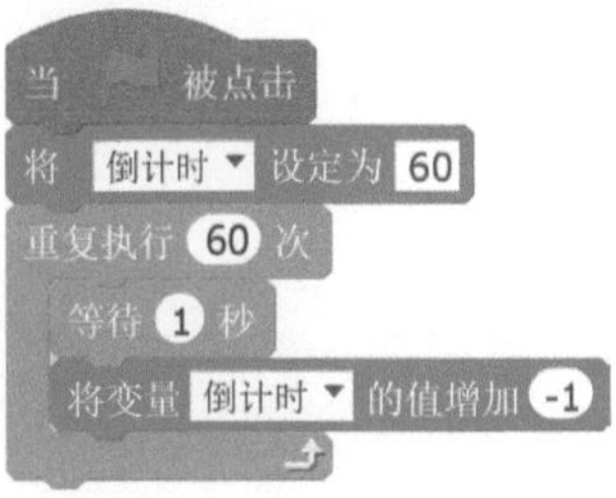

(D)
```
当 [ ] 被点击
将 倒计时▼ 设定为 60
重复执行 60 次
    等待 1 秒
    将变量 倒计时▼ 的值增加 -1
停止 全部▼
```

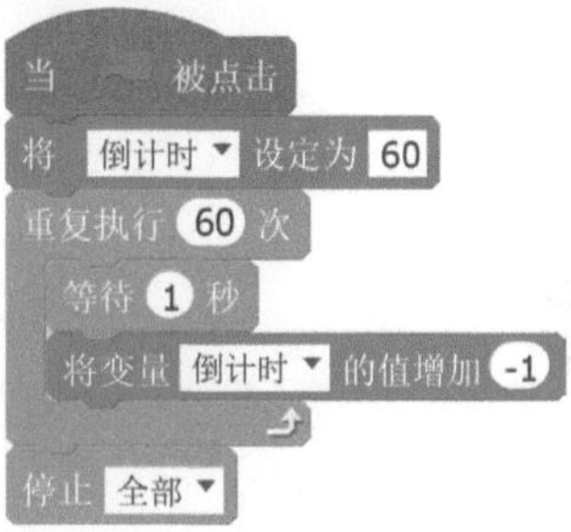

(   ) 9. 关于右图所示红外遥控器的原厂功能默认值，哪个正确？
(A) A 键：设定菜单遥控   (B) B 键：避开障碍物
(C) C 键：自动循线   (D) 以上皆正确

(   )10. 下列哪个积木不属于"变量"？
(A) 将 thing 加到链表 thing▼ 末尾   (B) 显示变量 倒计时▼
(C) 将 倒计时▼ 设定为 0   (D) 倒计时

实作题

1. 利用 侦测 侦测键盘输入，将遥控器单击 1 ~ 9 改成键盘单击 1 ~ 9 数字键，利用键盘控制箭头发射方向。（ 💡 提示 按键 空格键▼ 是否按下？ 。）

2. 请利用 mBot 主程序 ，重新定义红外遥控器的功能，当红外遥控器单击"R2"前进、单击"R8"后退、单击"R4"左转、单击"R6"右转、单击"R5"停止。并在 mBot 主程式 上右键单击【上传 Arduino 程序】。上传完成，拔除计算机与 mBot 的 USB 线，利用红外遥控器操控 mBot 机器人。

💡 提示：上传 Arduion 程序之后，若要恢复机器人原厂默认功能，重新连接 USB，勾选【连接】串口【COM】，再单击【恢复出厂程序】。

8 巡线迷宫竞走

本章将设计巡线迷宫竞走程序。程序开始执行时，舞台上的虚拟 mBot 机器人自动往前跑，当按下键盘的上、下、左、右箭头键时，mBot 改变上、下、左、右方向。当 mBot 抵达终点线时，说："计时 x 秒"，自动进入第二关。实体机器人则是设计巡线前进程序，并上传 Arduino 程序到 mCore 主板，以后只要打开机器人的电源，就能自动巡线前进。

学习目标

1. 认识巡线传感器与"巡线"mBlock 积木
2. 设计巡线迷宫竞走程序
3. 能够设计舞台虚拟 mBot 机器人侦测颜色前进
4. 能够利用键盘控制角色方向
5. 能够设计游戏关卡
6. 能够设计程序让实体机器人巡线前进

8-1　巡线传感器与"巡线"及"电机"mBlock 积木

8-2　巡线迷宫竞走程序设计

8-3　舞台上的虚拟 mBot 机器人侦测颜色前进

8-4　用键盘控制方向

8-5　关卡设计

8-6　实体 mBot 机器人巡线前进

8-7　上传 Arduino 程序

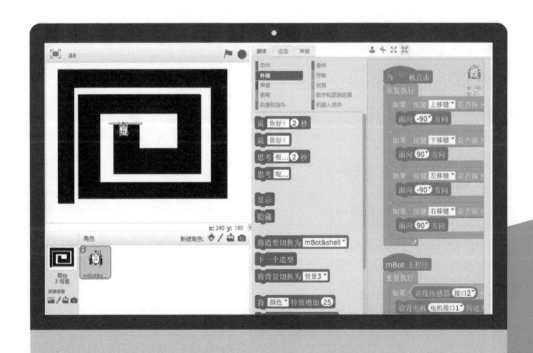

8-1　巡线传感器与"巡线"及"电机"mBlock 积木

mBot 机器人依照黑色巡线前进的方式有 3 种：第一种方式是依照原厂默认值，使用红外遥控器，按 C 钮，机器人就可以侦测黑色线前进；第二种方式是利用巡线传感器积木设计让 mBot 机器人侦测黑色线前进的程序；第三种方式是堆栈好积木，上传 Arduino 程序到 mCore 主板中，以后只要打开 mBot 机器人，就可以自动执行。本章将设计程序让 mBot 机器人侦测黑色线前进，并上传 Arduino 程序到机器人的 mCore 主板中。

1　巡线传感器

巡线传感器的主要功能是提供机器人巡线功能。巡线传感器上有两个传感器，每个传感器上包含红外发射 LED（IR emitting LED）和红外感应晶体管（IR sensitive phototransistor），机器人利用传感器的信号在白底背景上巡黑色的线前进，巡线传感器的配置如图 8-1 所示。

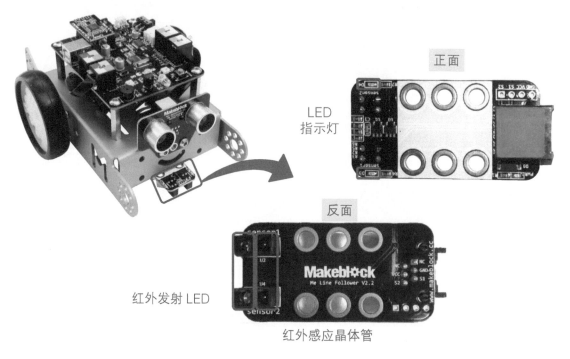

正面

LED
指示灯

反面

红外发射 LED

红外感应晶体管

🎧 图 8-1　巡线传感器的配置

巡线传感器与 mBot 机器人的接口预设为 2，如图 8-2 所示。

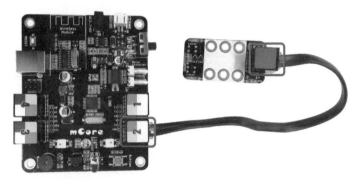

🎧 图 8-2　巡线传感器的连接方式

2　巡线传感器 mBlock 积木

巡线传感器 mBlock 积木的功能是传回传感器的侦测值。

积木	说明
巡线传感器 接口1▼	传回接口（1 ~ 4）中巡线传感器的侦测值，接口默认值为 2

巡线传感器侦测结果传回的值包括：0、1、2、3，分别代表不同信息。

侦测值	0	1	2	3
亮灯	左右不亮	右灯亮	左灯亮	左右灯亮
图例				
位置	都在黑线上	右偏，右边在白色部分上	左偏，左边在白色部分上	完全偏离，全部在白色部分上
动作	前进	左转	右转	后退

小试身手 1

机器人巡线侦测 （ 📥 范例 8-1-1）

1. 打开 mBot 机器人的开关，检查巡线传感器的接口是哪个？

   执行结果：接口是＿＿＿＿＿＿＿＿＿＿＿＿。

2. 将机器人分别放在黑线上、偏左位置、偏右位置、白背景上。再快按两下
   巡线传感器 接口2▼ ，检查巡线传感器的侦测值是什么？

   执行结果：黑线上：＿＿＿＿＿＿＿＿＿＿＿＿

   　　　　　偏左位置：＿＿＿＿＿＿＿＿＿＿＿

   　　　　　偏右位置：＿＿＿＿＿＿＿＿＿＿＿

   　　　　　白背景上：＿＿＿＿＿＿＿＿＿＿＿

> **小叮咛**
>
> 机器人的巡线传感器面朝
>
> 上 ，方向才正确。

3　电机转速 mBlock 积木

设计机器人前进、后退、左转与右转的程序时，可以使用 前进▼ 转速为 100▼
与 设置电机 电机接口1▼ 转速为 0▼ 两个积木，本章将利用电机控制机器人移动。

积木	功能	说明
设置电机 电机接口1▼ 转速为 0▼	设定 M1 电机（接口 1）与 M2 电机（接口 2）前进、后退、左转、右转	转速范围为 -255 ～ 0 ～ 255；0 为停止，50、100、255 为电机转速；负数为反向

利用电机 M1 与 M2 转速控制前进、后退、左转与右转。

前　进	后　退
设置电机 电机接口1▾ 转速为 100▾ 设置电机 电机接口2▾ 转速为 100▾	设置电机 电机接口1▾ 转速为 -100▾ 设置电机 电机接口2▾ 转速为 -100▾
参数：50 ~ 250	参数：-50 ~ -250

左　转	右　转
设置电机 电机接口1▾ 转速为 0▾ 设置电机 电机接口2▾ 转速为 100▾	设置电机 电机接口1▾ 转速为 100▾ 设置电机 电机接口2▾ 转速为 0▾
参数：电机接口 2 转速 > 电机接口 1 转速	参数：电机接口 1 转速 > 电机接口 2 转速

停止前进	
设置电机 电机接口1▾ 转速为 0▾ 设置电机 电机接口2▾ 转速为 0▾	参数：电机接口 1 转速 = 电机接口 2 转速

小叮咛

如果机器人前进与后退相反，就是 M1 与 M2 电机的接口相反，将两者对调即可正常前进与后退。

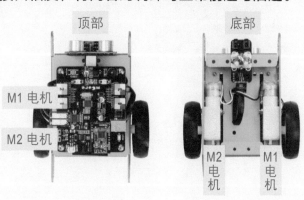

机器人会转弯（ ⬇ 范例 8-1-2）

拖曳上表中电机前进、后退、左转、右转的积木，快按两下积木，检查机器人的前进、后退、左转、右转是否正确？

执行结果：☐ 前进、☐ 后退、☐ 左转、☐ 右转。

4　巡线传感器侦测值与电机动作

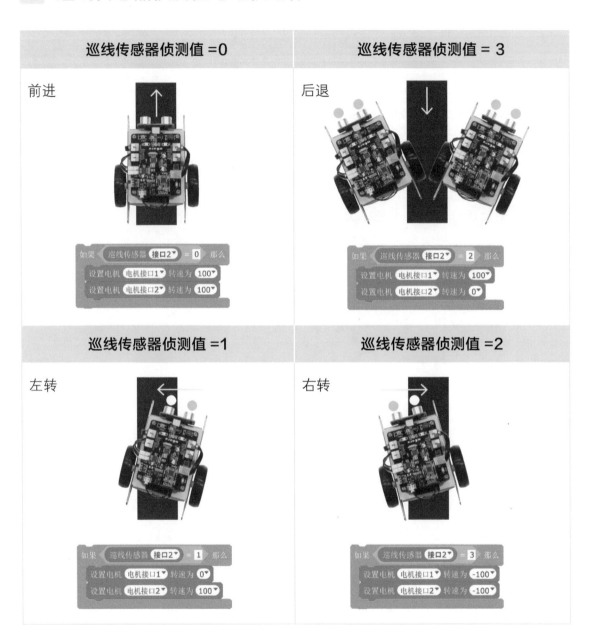

参数值依照设计调整为 0、50、100 或 250，数值越大，转速越快。

8-2 巡线迷宫竞走程序设计

本章将设计巡线迷宫竞走程序。程序开始执行时自动往前跑，当按下键盘的上、下、左、右箭头键时，舞台上的虚拟 mBot 机器人改变上、下、左、右方向。当舞台上的虚拟 mBot 机器人抵达终点线时，说："计时 x 秒"，自动进入第二关。实体机器人则设计巡线前进程序，并上传 Arduino 程序到 mCore 主板，只要打开机器人的电源就能自动巡线前进。

脚本规划

舞　台	角　色		动画情境
第一关 第二关	舞台虚拟 mBot 机器人	第一关	1. 单击绿旗，将舞台背景设定为第一关迷宫赛车道，定时器归零。 2. mBot 在黑色跑道上不停重复前进，如果碰到白色跑道则后退。 3. 如果按下键盘的上、下、左、右箭头键，mBot 面向上、下、左、右方向。 4. 如果碰到终点线，说："计时 x 秒"。 5. 将背景设定为第二关
		第二关	1. 当背景切换为第二关时，定时器归零。 2. mBot 在黑色跑道上不停重复前进，前进速度更快，如果碰到白色跑道则后退。 3. 如果碰到终点线，说："计时 x 秒"
	mBot 实体机器人		1. 如果在黑线上（侦测值 = 0），前进。 2. 如果右偏（侦测值 = 1），左转。 3. 如果左偏（侦测值 = 2），右转。 4. 如果完全偏离（侦测值 = 3），后退。 5. 将巡线程序上传到 mCore 主板。 6. 打开电源，自动巡线

183

8-3　舞台上的虚拟 mBot 机器人侦测颜色前进

　　单击绿旗，将舞台背景设定为第一关迷宫赛车道，定时器归零。机器人在黑色跑道上不停重复前进，如果碰到白色跑道则后退。

1　舞台上的虚拟 mBot 机器人的移动流程

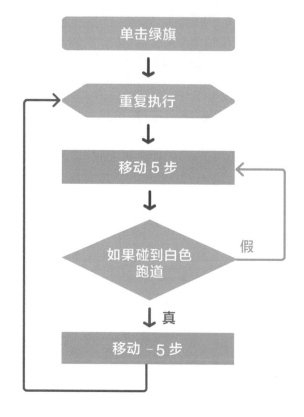

2 舞台上的虚拟 mBot 机器人遇到黑色前进，遇到白色停止

单击【文件】的【打开项目】，单击"\ch8\ch8.sb2"。

说明

① 单击绿旗，背景设定为第一关。
② 缩小 mBot，让它能够通过黑色跑道。
③ mBot 移到舞台左下方起点位置。
④ mBot 面向上。
⑤ 定时器归零。
⑥ 不停重复。
⑦ 往上移动 5 步。
⑧ 如果碰到白色跑道。
⑨ 退回前进的 5 步。

8-4 用键盘控制方向

若按下键盘的上、下、左、右箭头键，mBot 面向上、下、左、右方向。

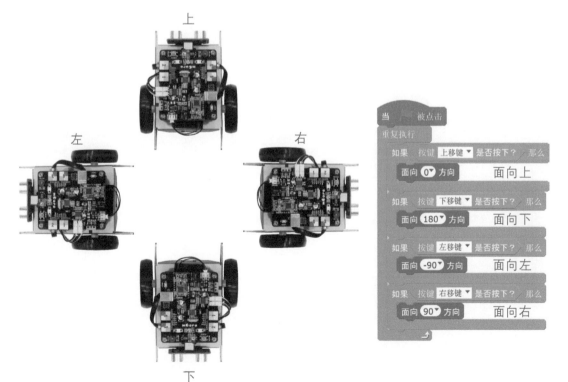

8-5　关卡设计

1　舞台上的虚拟 mBot 机器人的闯关流程

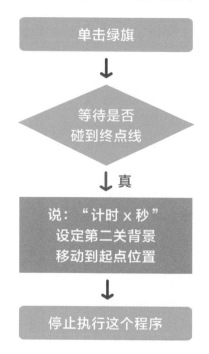

单击绿旗

↓

等待是否
碰到终点线

↓ 真

说："计时 x 秒"
设定第二关背景
移动到起点位置

↓

停止执行这个程序

2　第一关闯关

如果碰到终点线（红色），说："计时 x 秒"，将背景设定为第二关。

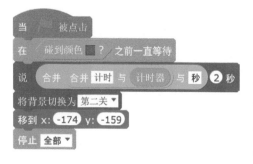

说明

① 单击绿旗，等待，直到 mBot 碰到红色线。
② 说："计时 x 秒"。
③ 将背景设定第二关。
④ mBot 移到起点位置。
⑤ 停止执行这个程序。

3　第二关闯关

当背景切换为第二关时，机器人在黑色跑道上不停重复前进，前进速度更快，如果碰到白色跑道则后退，定时器归零。

说明

① 背景切换为第二关，启动程序执行。
② 复制第一关程序。
③ 修改移动 8 步，加快车速。

4　闯关成功

如果碰到终点线，说："计时 x 秒"。

说明

① 背景切换为第二关，等待 mBot 碰到终点线（绿色）。
② mBot 碰到终点线时说："计时 x 秒"。

8-6　实体 mBot 机器人巡线

mBot 机器人依照巡线传感器的侦测值前进、后退、左转或右转。

1 实体 mBot 机器人的执行流程

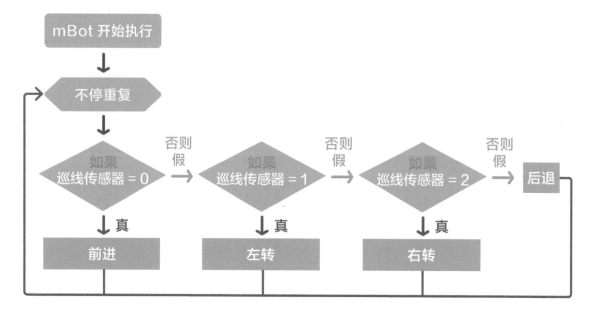

2 巡线传感器与电机动作

　　如果在黑线上（巡线传感器侦测值＝0），表示"前进"；如果右偏（巡线传感器侦测值=1），表示"左转"；如果左偏（巡线传感器侦测值＝2），表示"右转"；如果完全偏离（巡线传感器侦测值＝3），则表示"后退"。

（1）连接计算机与 mBot 机器人的 USB 接口。

（2）单击【连接】的【串口】，并勾选【COM4】。

　　计算机与 mBot 的连接除了用 USB，
也可以使用 2.4GHz 无线串行端口或
蓝牙。

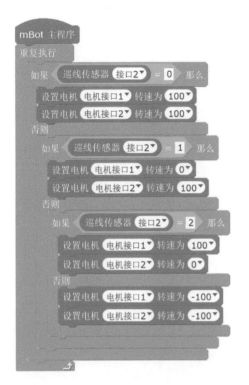

说明

① 巡线传感器侦测值 = 0，表示"前进"。

② 巡线传感器侦测值 = 1，表示"左转"。

③ 巡线传感器侦测值 = 2，表示"右转"。

④ 巡线传感器侦测值 = 3，表示"后退"。

8-7 上传 Arduino 程序

将巡线程序上传到 mCore 主板。

1 上传 Arduino 程序

利用 **mBot 主程序** 启动程序时，可以将程序烧入 mCore 主板中，以后只要打开机器人的开关，机器人就会自动执行程序。

（1）连接 mBot 机器人与计算机的 USB 接口。

小叮咛

上传 Arduino 程序仅能使用 USB 连接。

（2）在 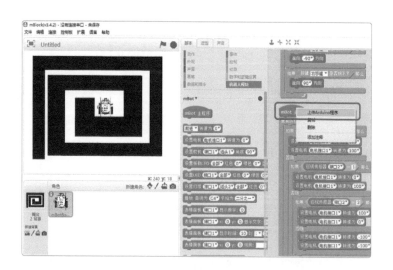 mBot 主程式 上右键单击，单击【上传 Arduino 程序】。

小叮咛

上传 Arduino 程序仅限机器人模块、控制及运算部分积木，其余类别积木并不支持。

（3）接着，单击【上传到 Arduino】。

小叮咛

如果使用不支持的积木，上传过程中会显示信息，要删除积木后再重新上传。

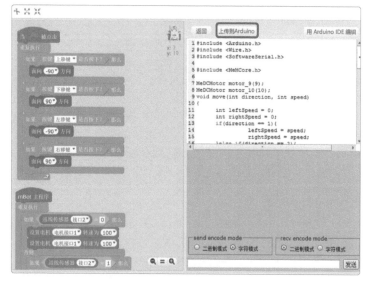

（4）上传完成后单击【关闭】。

（5）再单击【返回】。

小叮咛

上传 Arduino 程序时，Windows 操作系统建议使用 7 以上版本。

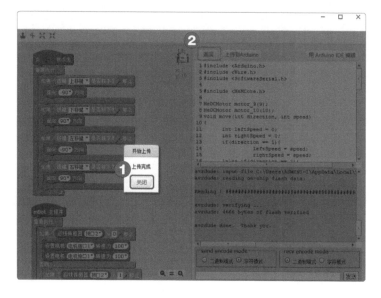

2 机器人巡线

打开机器人的电源，自动巡线。

（1）拔除 mBot 机器人与计算机之间的 USB 线。

（2）打开 mBot 机器人开关，mBot 机器人开始自动执行程序。

3 恢复原厂默认值

若要恢复机器人的默认功能，取消上传的 Arduino 程序，只要将机器人重新连接 USB，再勾选串口"COM"，再单击【连接】→【恢复出厂程序】，恢复出厂程序完成时，发出 Do、Re、Mi 音效，表示恢复原厂默认功能。

第8章 实力评测

单选题

(　　) 1. 若想设计机器人侦测黑色线前进的程序，应使用下列哪个积木？

(A) 光线传感器 板载▼　　　　(B) 巡线传感器 接口1▼

(C) 红外遥控器按下 A▼ 键　　(D) 超声波传感器 接口1▼ 距离

(　　) 2. 下列关于机器人巡线的叙述，哪个不正确？

(A) 依照原厂默认值，使用遥控器按 C 钮，机器人就可以侦测黑线前进

(B) 将巡线程序上传到 mCore 主板，以后只要打开机器人就可以自动执行

(C) 利用 巡线传感器 接口1▼ 可以设计巡线程序

(D) 利用 超声波传感器 接口1▼ 距离 可以设计巡线程序

(　　) 3. 右图所示积木的电机是执行哪项功能？

(A) 前进　(B) 后退　(C) 左转　(D) 右转

设置电机 电机接口1▼ 转速为 100▼
设置电机 电机接口2▼ 转速为 100▼

(　　) 4. 下列哪个积木可以设计让机器人"前进、后退、左转或右转"等动作？

(A) 前进▼ 转速为 100▼　　　(B) 设置电机 电机接口1▼ 转速为 100▼

(C) 以上 (A)(B) 皆可　　　　(D) 以上 (A)(B) 皆不可

(　　) 5. 下列哪个不属于 mBot 积木？

(A) mBot 主程序　(B) 板载按钮 已按下▼　(C) 右转▼ 转速为 0▼　(D) 移动 10 步

(　　) 6. 下列哪个积木可以将程序上传到 Arduino 主板？

(A) mBot 主程序　(B) 当 被点击　(C) 当接收到 上传▼　(D) 板载按钮 已按下▼

(　　) 7. 若想设计"由背景启动程序执行"的程序，应使用下列哪个积木？

(A) 当按下 空格键▼　　　　(B) 当背景切换到 背景1▼

(C) 当 被点击　　　　　　　(D) 当 响度▼ > 10

(　　) 8. 若想在程序中设计"定时器"的功能，下列哪个积木不会使用到？

(A) 计时器

(B) 计时器归零

(C) 当前时间 星期▼

(D) 说 计时器 2 秒

(　　) 9. 若想设计角色依照不同的颜色前进或停止，应使用下列哪个积木？

(A) 碰到 ▼ ？

(B) 碰到 边缘▼ ？

(C) 碰到颜色 ■ ？

(D) 将视频透明度设置为 50 %

(　　)10. 下列关于 mBot 机器人连接与设定的叙述，哪个正确？

(A)mBot 可以使用蓝牙连接

(B)mBot 可以使用 USB 或 Wi-Fi USB 无线串口连接

(C) 恢复原厂设定值时需要连接 USB

(D) 以上皆正确

实作题

1. 请利用 4 个 如果 那么 取代 如果 那么 否则 ，改写巡线传感器的程序，并上传 Arduino 程序到 mCore 主板，检查两个程序的执行结果是否相同。

　　💡 提示: 上传 Arduion 程序之后，若要恢复机器人原厂默认功能，重新连接 USB，勾选【连接】串口【COM】，再单击【恢复出厂程序】。

2. 将上传 Arduino 程序的积木 mBot 主程序 ，改成 当 ▶ 被点击 ，利用 USB 连接，让机器人巡线，检查两个程序的执行结果是否相同。

附录　mBlock 积木功能总表

脚本	造型	声音

动作	事件
外观	控制
声音	侦测
画笔	数字和逻辑运算
数据和指令	机器人模块

动作积木的主要功能是控制角色在舞台 x、y 坐标的移动、方向、旋转或传回角色信息。

积木	功能
移动 10 步	移动 10 步
向右旋转 15 度	向右旋转 15°
向左旋转 15 度	向左旋转 15°
面向 90 方向	面向右（90°）、向左（-90°）、向上（0°）、向下（180°）方向
面向	面向鼠标指针、角色或任意位置
移到 x: 0 y: 0	移到舞台 x、y 坐标位置
移到 鼠标指针	移到鼠标指针、角色或任意位置
在 1 秒内滑行到 x: 0 y: 0	在 1 秒内移到舞台 x、y 坐标位置
将x坐标增加 10	将 x 坐标改变（正数向右移、负数向左移）
将x坐标设定为 0	设定 x 坐标或水平位置
将y坐标增加 10	将 y 坐标改变（正数向上移、负数向下移）
将y坐标设定为 0	设定 y 坐标或垂直位置
碰到边缘就反弹	碰到舞台边缘自动反弹
将旋转模式设定为 左-右翻转	设定角色旋转方式为左右、周围所有的或不旋转
x坐标	传回目前角色 x 坐标
y坐标	传回目前角色 y 坐标
方向	传回目前角色方向

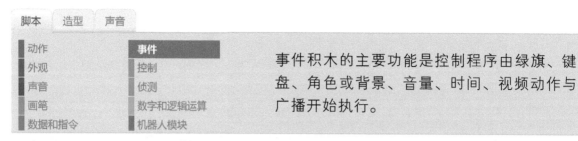

事件积木的主要功能是控制程序由绿旗、键盘、角色或背景、音量、时间、视频动作与广播开始执行。

积木	功能
当 被点击	当绿旗被单击时,开始依序执行下方每一行积木
当按下 空格键	当按下空格键(或任何键)时,开始依序执行下方每一行积木
当松开 空格键	松开空格键(任何键)时,开始依序执行下方每一行积木
当角色被点击时	当单击角色时,开始依序执行下方每一行积木
当背景切换到 背景1	当背景切换为"背景1"时,开始执行下方每一行积木
当 响度 > 10	当侦测话筒音量值、定时器或网络摄像头视频动作大于 10 时,开始执行下方每一行积木
当接收到 message1	当接收到广播消息时,开始执行下方每一行积木
广播 message1	传送信息给所有角色及舞台
广播 message1 并等待	传送信息给所有角色及舞台并等待

脚本	造型	声音

动作	事件
外观	控制
声音	侦测
画笔	数字和逻辑运算
数据和指令	机器人模块

外观积木的主要功能是对话中说"文字"，改变大小或特效，设定角色造型或舞台背景、特效与传回角色外观。

积木	功能
说 你好! 2 秒	说"文字"2 秒
说 你好!	说"文字"
思考 呃... 2 秒	思考"文字"2 秒
思考 呃...	思考"文字"
显示	角色显示在舞台上
隐藏	角色在舞台上隐藏
将造型切换为 Panda-b ▼	设定造型
下一个造型	从角色造型栏切换下一个造型
将背景切换为 背景1 ▼	设定背景
将 颜色 ▼ 特效增加 25	改变角色的特效，包括：颜色、鱼眼、旋转、像素滤镜、马赛克、亮度或鬼
将 颜色 ▼ 特效设定为 0	设定角色特效，包括：颜色、鱼眼、旋转、像素滤镜、马赛克、亮度或鬼
清除所有图形特效	清除所有的图形特效
将角色的大小增加 10	改变角色大小（正数：放大、负数：缩小）
将角色的大小设定为 100	将角色大小设定为原始大小的百分比
移至最上层	将角色移到其他角色的最上层
下移 1 层	将角色移到其他角色的下 N 层
造型编号	传回目前角色的造型编号
背景名称	传回目前舞台的背景名称
大小	传回目前角色的大小是原始大小的百分比

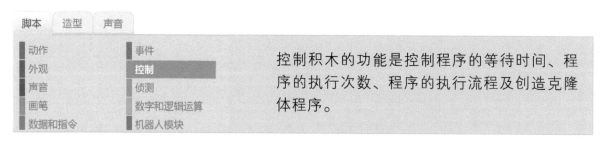

控制积木的功能是控制程序的等待时间、程序的执行次数、程序的执行流程及创造克隆体程序。

积木	功能
等待 1 秒	等待 1s 再继续执行下一个积木
重复执行 10 次	重复执行内层积木 10 次
重复执行	不停重复执行内层积木
如果　那么	如果条件成立，执行"如果"的内层积木
如果　那么　否则	如果条件成立，执行"如果"的内层积木；如果条件不成立，执行"否则"的内层积木
等待	等待，直到条件成立才执行下一行积木
重复执行直到	重复执行内层积木，直到条件成立才执行下一行积木
停止 全部▼	停止执行全部角色的全部程序、目前角色的这个程序或出场角色的其他程序
当作为克隆体启动时	当克隆体产生时，开始执行"克隆体"的积木
克隆 自己▼	创造角色自己的克隆体或其他角色的克隆体
删除本克隆体	删除角色的克隆体

| 脚本 | 造型 | 声音 |

动作	事件
外观	控制
声音	侦测
画笔	数字和逻辑运算
数据和指令	机器人模块

声音积木的主要功能是让舞台或角色播放或弹奏声音并设定乐器、节奏与音量。

积木	功能
播放声音 eat ▾	播放声音并继续执行下一行积木
播放声音 eat ▾ 直到播放完毕	播放声音直到播放完毕才继续执行下一行积木
停止所有声音	停止播放所有声音
弹奏鼓声 1▾ 0.25 拍	弹奏鼓声 0.25 拍,总共有 18 种选择
停止 0.25 拍	休息 0.25 拍
弹奏音符 60▾ 0.5 拍	弹奏音符 Do（60）0.5 拍。音符从低音 Do ~ 高音 Do 共 15 种
设定乐器为 1▾	设定弹奏音符的乐器种类,总共有 21 种选择
将音量增加 -10	改变角色的音量,音量值为 0 ~ 100,默认值为 100
将音量设定为 100	设定角色的音量
音量	传回角色的音量值
将节奏加快 20	改变角色的节奏
将节奏设定为 60 bpm	设定角色的节奏为每分钟 60 拍（节奏就是每分钟的拍数）
节奏	传回角色的节奏,也就是传回每分钟的拍数

脚本　造型　声音

动作	事件
外观	控制
声音	**侦测**
画笔	数字和逻辑运算
数据和指令	机器人模块

侦测积木的主要功能是侦测角色碰到、侦测提问、侦测键盘或鼠标、侦测距离、侦测视频、侦测时间及音量或传回侦测值。

积木	功能
碰到 ▼ ？	如果角色碰到特定角色、边缘或鼠标指针就传回"真"值
碰到颜色 ▮ ？	如果角色碰到颜色就传回"真"值
颜色 ▮ 碰到 ▮ ？	如果第 1 个颜色碰到第 2 个颜色就传回"真"值
到 ▼ 的距离	传回"角色与角色"、"角色与鼠标指针"、"角色到水平、垂直或舞台任意位置"的距离
询问 你叫什么名字 并等待	在舞台提问问题并等待键盘输入。将键盘输入值存储在"答案"中
回答	传回提问问题后，从键盘输入的答案
按键 空格键 ▼ 是否按下？	如果从键盘输入"特定键"就传回"真"值。键盘输入键值包括 0 ~ 9、A ~ Z、箭头键或空格键
鼠标键被按下了吗？	如果鼠标单击就传回"真"值
鼠标的x坐标	传回鼠标指针的 x 坐标
鼠标的y坐标	传回鼠标指针的 y 坐标
响度	传回计算机话筒的音量值，音量值为 0 ~ 100
视频侦测 动作 ▼ 在 角色 ▼ 上	侦测目前角色或舞台的视频动作量或方向
将摄像头 开启 ▼	打开、关闭或翻转视频
将视频透明度设置为 50 %	设定视频透明度，为 0 ~ 100。（0：舞台显示完整清晰的视频影像、100：舞台视频影像完全透明）
计时器	传回定时器的秒数
计时器归零	定时器归零
获取 x坐标 ▼ 属于 M-Panda ▼	传回角色或舞台的 x 坐标值、y 坐标值、方向、造型编号、造型名称、大小或音量
当前时间 分 ▼	传回目前的年、月、日、星期、小时、分、秒
2000年之后的天数	传回从 2000 年起算的天数

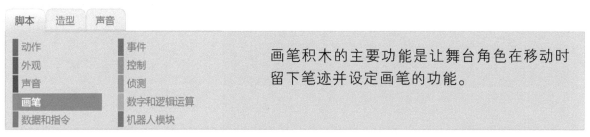

积木	功能
清空	清除舞台上的笔迹及图章
图章	在舞台上复制角色图像
落笔	画笔落笔，角色移动时画
抬笔	画笔抬笔，角色移动时不画
将画笔的颜色设定为 ■	依照选定颜色、设定画笔的颜色
将画笔的颜色值增加 10	将画笔的颜色增加（正数）或减少（负数）
将画笔的颜色设定为 0	依照特定值设定画笔颜色 （0：红色，70：绿色，130：蓝色）
将画笔的色度增加 10	改变画笔的亮度，参数值为 0 ~ 100
将画笔的色度设定为 50	设定画笔的亮度，参数值为 0 ~ 100
将画笔的大小增加 1	将画笔的大小增加（正数）或减少（负数
将画笔的大小设定为 1	设定画笔的大小（粗细）

脚本　造型　声音

动作	事件
外观	控制
声音	侦测
画笔	数字和逻辑运算
数据和指令	机器人模块

运算积木的主要功能是传回算术运算、关系运算与逻辑运算与字符串运算的结果。

积木	功能
(+)	将两数相加
(-)	第 1 个数减第 2 个数
(*)	将两数相乘
(/)	第 1 个数除以第 2 个数
在 1 到 10 间随机选一个数	在第 1 个数（1）到第 2 个数（10）之间随机选一个数
(<)	如果第 1 个数小于第 2 个数传回"真"值
(=)	如果第 1 个数等于第 2 个数传回"真"值
(>)	如果第 1 个数大于第 2 个数传回"真"值
且	如果第 1 个条件与第 2 个条件皆为"真"，传回"真"值
或	如果第 1 个条件或第 2 个条件为"真"，传回"真"值
不成立	如果条件为"假"，传回"真"值
合并 hello 与 world	合并第 1 个（hello）与第 2 个（world）字符串
第 1 个字符：world	传回字符串（world）的特定（第 1 个）字符
world 的长度	传回字符串（world）的长度
将 1 转换为字符串	将第 1 个字转为字符串
● 除以 ● 的余数	传回第 1 个数除以第 2 个数的余数
将 ● 四舍五入	传回四舍五入的值
平方根 ▼ 9	传回函数运算的结果。函数运算包括：绝对值、无条件舍去、无条件进位、平方根、三角函数、指数与对数

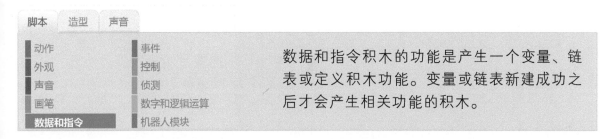

数据和指令积木的功能是产生一个变量、链表或定义积木功能。变量或链表新建成功之后才会产生相关功能的积木。

积木	功能
新建变量	做一个变量
新建链表	做一个链表
新建模块指令	自定义积木

脚本	造型	声音	
动作		事件	
外观		控制	
声音		侦测	
画笔		数字和逻辑运算	
数据和指令		机器人模块	

机器人模块积木的主要功能是驱动 mBot 机器人上的部件与传感器。

积木	功能

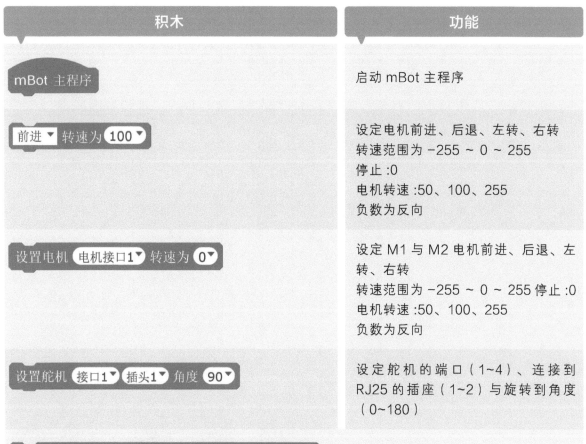

mBot 主程序

启动 mBot 主程序

前进 转速为 100

设定电机前进、后退、左转、右转
转速范围为 −255 ~ 0 ~ 255
停止 :0
电机转速 :50、100、255
负数为反向

设置电机 电机接口1 转速为 0

设定 M1 与 M2 电机前进、后退、左转、右转
转速范围为 −255 ~ 0 ~ 255 停止 :0
电机转速 :50、100、255
负数为反向

设置舵机 接口1 插头1 角度 90

设定舵机的端口（1~4）、连接到 RJ25 的插座（1~2）与旋转到角度（0~180）

设置板载LED 全部 红色 0 绿色 0 蓝色 0

设定板载 LED 灯或外接扩充彩色 LED 灯
所有的：两边的灯（1：LED1；2：LED2）或外接扩充彩色 LED 灯（1~4）
关闭：红色 0、绿色 0、蓝色 0
亮度 :20、60、150、255

设置灯带 接口1 插头2 全部 红色 0 绿色 0 蓝色 0

设定灯带的端口（1~4）、连接到 RJ25 的插座（1~2）、灯带（1~30）与亮度

积木	功能
播放 音调为 C4▼ 节拍为 二分之一▼	播放音调 C4：音符 Do, D4：音符 Re, E4：音符 Mi, F4：音符 Fa, G4：音符 So, A4：音符 La, B4：音符 Si
停止播放	停止播放音效
表情面板 接口1▼ x: 0 y: 0 显示文字: Hello	设定表情面板的端口 (1~4)、显示的 x、y 坐标位置与显示的"文字"
表情面板 接口1▼ 显示时间: 10 时 :▼ 20 分	设定表情面板的端口 (1~4) 与显示的时间
表情面板 接口1▼ x: 0 y: 0 绘画:	设定表情面板的端口 (1~4) 并显示表情面板绘画的"矩阵图"
设置数码管 接口1▼ 数字 100	设定数字板的端口 (1~4) 与显示的"数字"
设置光线传感器 接口3▼ LED状态为 开▼	设定光线传感器的端口 (3~4) 与 LED 状态（开或关）
设置相机快门 接口1▼ 状态为 按下快门▼	设定相机快门的端口 (1~4) 与状态（按下快门、松开快门、开始对焦或停止对焦）
光线传感器 板载▼	传回板载或端口中光线传感器侦测到的光线值 晚上：0 ~ 100 室内照明：100 ~ 500 曝晒在日光下：500 以上
当板载按钮 已按下▼	当按钮按下或松开时开始执行

积木	功能
板载按钮 已按下 ▼	侦测按钮已按下或已松开 侦测结果为"真"或"假" 真（True）：已按下或已松开 假（False）：未按下或未松开
超声波传感器 接口3 ▼ 距离	传回端口（1～4）中超声波传感器的距离侦测值
巡线传感器 接口2 ▼	传回端口（1~4）中巡线传感器的侦测值 (0~3)
摇杆 接口3 ▼ X轴 ▼	传回端口 (3~4) 中游戏杆的 x 轴或 y 轴侦测值 (0~980)
电位器 接口3 ▼	传回端口 (3~4) 中可调电阻器的侦测值 (0~980)
音量传感器 接口3 ▼	传回端口 (3~4) 中声音传感器的侦测值 (0~980)
限位开关 接口1 ▼ 插头1 ▼	侦测限位开关端口 (1~4) 与插座 (1~2) 侦测结果为"真"或"假" 真（True）：端口与插座已连接 假（False）：端口与插座未连接
温度传感器 接口3 ▼ 插头1 ▼ ℃	传回端口 (1~4) 与插座 (1~2) 中温度传感器温度的侦测值（-55℃~+120℃）
人体红外传感器 接口2 ▼	传回端口 (1~4) 中人体红外传感器的侦测值 0: 未侦测到人的动作 1: 侦测到有人的动作
陀螺仪 X轴 ▼ 角度	传回陀螺仪 x 轴、y 轴与 z 轴的角度
温湿度传感器 接口1 ▼ 湿度 ▼	传回端口 (1~4) 中温 / 湿度传感器的温度或湿度侦测值

积木	功能
火焰传感器 接口3▼	传回端口 (3~4) 中火焰传感器的火源或光源侦测值
气体传感器 接口3▼	传回端口 (3~4) 中气体传感器的气体侦测值
电子罗盘 接口1▼	传回端口 (1~4) 中电子罗盘的磁场侦测值
触摸传感器 接口1▼	侦测端口 (1~4) 中触摸传感器是否被触碰 侦测结果为"真"或"假" 真（True）：已触碰触摸传感器 假（False）：未触碰触摸传感器
按键 接口3▼ key1 ▼ 是否按下	侦测 4 键按钮端口 (3~4) 中的 4 个按键是否按下 侦测结果为"真"或"假" 真（True）：已按下 key1 / 2 / 3 / 4 假（False）：未按下 key1 / 2 / 3 / 4
红外遥控器按下 A▼ 键	侦测红外遥控器是否按下 A 键 侦测结果为"真"或"假" 真（True）：已按下 A 键 假（False）：未按下 A 键
发送mBot消息 你好	传送"文字"信息给 mBot
接收到的mBot消息	传回 mBot 接收到的信息
计时器	传回定时器
计时器归零	将定时器归零